현사하ㅅㅊㄴ

중등 지침서

수학공부는 "생각의 과정에 대한 훈련"이다

이론학습이란,

방법적인 측면에서는

이론의 가정으로부터 결론을 이끌어내어 가는

논리적인 사고과정에 대한 훈련이고,

결과적인 측면에서는

본격적인 문제해결 훈련의 장이 될 대상 이론 지역들에 대한

효과적인 이론지도의 생성 및 확장이라 할 수 있다.

문제풀이학습이란,

방법적인 측면에서는

문제마다 각기 달리 주어진 상황에서 효과적으로 목표를 찾아가기 위한

해결 실마리를 찾아가는 논리적인 사고과정에 대한 훈련이며,

결과적인 측면에서는 틀린 문제를 통해

1. **자신의 현재 사고과정의 논리성에 대한 점검 및 보완을 수행**하고,

2. **기존에 생성된 이론지도에 대한 내용의 보완 및 상호 연결을 수행**하는 것이라 할
   수 있다.

표준문제해결과정 4Step (VTLM) 형상화
- 효과적인 문제해결을 위한 논리적 사고의 흐름

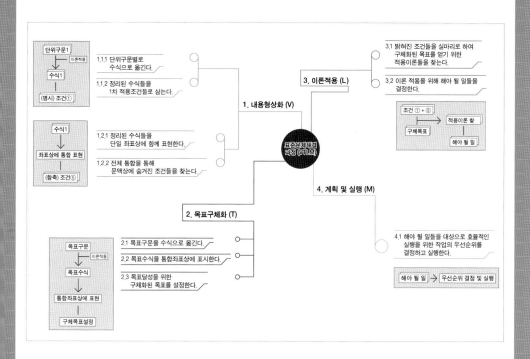

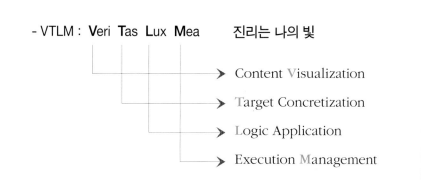

- VTLM : **V**eri **T**as **L**ux **M**ea   진리는 나의 빛

➤ Content **V**isualization

➤ **T**arget Concretization

➤ **L**ogic Application

➤ Execution **M**anagement

대부분의 학생들은 수학 공부를, 단지 좋은 학교를 가기 위한 평가시험에 나오는 중요 과목을 준비하는 정도로 생각하고 있다. 그리고 최고의 시험점수를 받는 것을 공부를 하는 최상의 목적으로 삼고 있다.

이러한 수요에 맞추어 많은 학교/학원들이 시험성적을 올리는 것에만 초점을 맞추어 교육을 하고 있다. 특히 마음 급한 학부모들에게 어필할 수 있도록, 단기적으로 시험성적을 오르게 하는 것에 매진을 한다. 그래서 시험에 나올만한 문제유형들을 대상으로 반복훈련을 통해 단순히 풀이방법을 익히도록 하는 것이다. 그런데 불행히도 단순암기에 가까운 이러한 접근방식은 깊이 있는 사고력 훈련이 되지 못할 뿐만 아니라, 오히려 나쁜 공부습관을 들게 한다. 더욱이 난이도가 깊어지면, 익혀야 할 유형이 급격이 늘어남으로, 아이들에게 수학 공부는 지겹고 힘들게만 여겨질 뿐인 것이다. **이러한 현상은 (평가)수단이 목적을 앞서는 양상으로, 마치 주객이 전도된 꼴이라 할 수 있다.**

공부를 하는 근본적인 이유는 무슨 일이 닥치던, 그것을 잘해낼 수 있는 능력을 갖춘, 똑똑한 사람이 되기 위한 것이라 할 수 있다. 그리고 시험이란 대상자가 얼마나 그러한 능력을 제대로 갖추고 있는지, 아니 갖추어 가고 있는지 평가하기 위한 수단일 뿐인 것이다. 대학도 회사도 필요한 능력을 제대로 갖춘 사람을 원하는 것이지, 단지 시험점수가 좋은 사람을 뽑고자 하는 것이 아니다. 설사 운이 좋아 평가시험을 잘 보아 좋은 대학에 들어가고, 그 배경으로 좋은 회사에 들어갔다 하더라도 능력을 제대로 갖추지 못한 사람은 금방 도태되고 말기 때문이다.

사실 이렇게 방향이 틀어진 것은 특정 누구의 탓이 아닌, 현재 우리 사회의 주류 가치관이 반영된 것이라 할 것이다. 그러나 미래를 위해서 우리는 분명히 이것을 바로 잡아야만 한다. 우리 한국사람들은 이 세상 누구보다도 열심히 노력하면서 산다. 그러나 그 노력만큼 빛을 보고 있지는 못한 것 또한 사실이다. 그것은 노력의 방향이 잘못됐기 때문이다. 그것도 가장 열심히 투자하고 있는 아이들 교육에서…

세상이 발전하여 세부 사항이 점점 밝혀질 수록, 그 안에서 살고 있는 사람들에게는 예전에는 안보이던 것들이 보이니, 그만큼 세상은 점점 복잡하게 보이게 된다. 그렇게 복잡해져 가는 세상 속에서 치열한 경쟁을 하며 살고 있는 사람들은 주가 되는 것 이외에는 가능한 한 단순하게 생각하려 하는 것은 어쩔 수 없는 일일 것이다. 그래서 눈에 잘 보이지 않는 상호연계 및 장기적인 방향에 관한 것은 정부 정책이나 세상의 흐름에 의지할 수 밖에 없다. 그 중 하나가 교육이다. 다행히도 예로부터 우리나라 사람들은 자식교육에 대한 열의가 대단하다. 나는 그것이 근면성과 더불어 우리나라 경쟁력의 원천이라고 생각하다. 그래서 부모들은 각박한 현실을 살아가는 중에서도 자식들 교육에 나름 최선을 다하려고 한다. 그렇지만 교육의 올바른 방향 및 실천방법을 부모 혼자서 판단하기에는 주어진 상황이 너무 복잡하고 어렵다. 그래서 정부의 정책에 기대고, 세상의 흐름을 따라가려고 하는 것이다. 현재 우리 사회에 팽배해 있는, 부모가 자식교육에 대해 책임을 다했는지 아닌지 스스로 평가 하는 기준은 어느 대학에 입학시켰느냐 인 것 같다. 그런데 안타까운 것은 이러한 기준이, 정작 중요한 성인으로서 사회에 나가 홀로서기 위해 필요한 능력을 얼마나 갖추었는지 그리고 그것을 위해 올바른 방향으로 아이들이 공부를 하고 있는지에 대한 관점에서는 다소 동떨어진 느낌이다. 왜냐하면 실력이란 과정의 노력을 통해서만 생겨나는 것인데, 씁쓸하지만 결과가 과정을 지배하는 상황논리가 여기에도 적용되는 느낌이랄까… 아마도 그것은 개인 혼자서 판단하기 어려운, 아이들의 올바른 공부방향에 대한 지배적인 가치관이 현재 사회의 흐름 속에는 보이지 않는다는 것이 가장 큰 이유일 것이다. 그래서 스스로 판단하기 어려우니, 대부분의 사람들은 그저 남들이 하는 데로 따라서 하자를 선택하는 것 같다. 더욱 안타까운 것은 교육의 최일선에 서 있는 학교/학원들도 이러한 수요에 맞추어 움직이고 있는 양상이라는 것이다. 정작 필요한 종합적인 사고능력을 키우는 것에 초점을 맞춰 아이들을 훈련시키고, 상응하는 결과로서 좋은 평가를 받을 수 있도록 하기 보다는, 단지 평가만을 잘 받기 위한, 사고능력 향상과는 동떨어질 수 있는, 수 많은 편법들을 교육에 사용하고 있는 실정이다. 그리고 이러한 현실의 모습이 아이들의 공부에 대한 왜곡된 자세를 만들어 가고 있는 것이다. 이제 우리는 이것을 바꾸어야만 한다.

여기에 바로 우리 아이들이 효율적으로 공부를 하지 못하는 심각한 이유가 숨어 있는 것이다.

수학공부는 논리적인 사고과정에 대한 체계적인 훈련을 할 수 있는 가장 좋은 방법이다. 그런데 접근하기 쉬운 단순 암기 방식의 공부로 인해, 수학공부가 자신의 사고력 깊이를 훈련시켜 준다는 느낌을 아이들은 가지지 못하는 것이다. 그래서 아이들은 새로울 것이 없는 더 이상의 공부에 흥미를 가지지 못하게 되는 것이다.

수학이론 공부과정은 쉽게는 길을 찾아가는 방법 이나 집을 짓는 과정으로 비유하여 형상화 해볼 수 있다. 집을 짓는 과정으로 비유해 보면, 배경이 되는 각각의 수학이론들은 집을 짓는데 필요한 자재/구성품에 해당한다. 그냥 이론을 외우는 것은 집터에 구성품 또는 부분적으로 완성된 조합품들을 그저 옮겨다 놓는 것과 같다. 그에 비해 각 이론의 도출과정을 이해했다는 것은, 연관된 구성품들을 서로 연결하여 점차 집의 형태를 만들어 가고 있는 것과 같다.

물론 집터(/나의 기억영역)에 그냥 물건들을 옮겨다 놓는 것이 쉽다. 그러나 주어진 바닥 용량을 넘어서면, 그마저도 더 이상 쌓을 수도 없을 뿐더러 재미도 없다. 그에 비해 이론을 배울 때마다 하나 하나 연결하며 이론지도를 만들어 가듯이, 각각의 구성품들을 연결하여 점차 집을 완성해 간다면 어떨까? 처음에는 익숙하지 않아 어렵게 느껴지겠지만, 필요기술이 익숙해지면 집을 만들어 가는 재미를 느낄 것이다. 그리고 **중요한 점은 이런 방식으로 공부한다면, 또 다른 집을 만들 수 있는 기술력이 확보**된다는 것이다. 이것이 올바르게 수학공부를 하는 방법인 것이다. 그리고 이렇게 완성된 집들이 모여 이루어진 하나의 동네는 한 단원의 전체수학이론지도에 해당하는 것이다.

이 책은 위와 같은 관점에서 새로운 수학이론을 공부할 때, 어떻게 각각의 연관된 이론들을 서로 엮어 나갈 것인가에 대한 논리적인 사고과정을 설명하고 있다. 이 내용을 잘 받아들인 다면, 점차 올바르게 그리고 가장 효과적으로 공부하는 방법을 터득하게 될 것이다.

전체적인 책에 대한 접근을 쉽게 할 수 있도록 간략히 책의 구성을 소개하면,

제 1 부 올바른 수학 공부의 방향 및 효과적인 이론학습체계 는
실제 이론공부에 들어가기 앞서, 효과적인 이론학습방법 및 체계에 대해 살펴봄으로써, 부분에 들어가기 전에 독자가 이론공부에 연관된 전체적인 흐름을 상상할 수 있도록 하였다.

제 2 부 중등수학이론 는
이 책의 주된 내용으로 일반적으로 아이들이 개념을 제대로 잡고 있지 못하는 수학이론들을 주 대상으로하여, 각 이론을 형상화하며, 효과적으로 개념과 원리를 파악하는 방법을 기술하였다. 처음 공부를 시작하는 학생들은 시중참고서를 하나 선택하여 병행해서 본다면 더욱 도움이 될 것이다.

제 3 부 논리적 사고과정에 의한 문제풀이 학습체계 는
공부한 수학이론지도에 기반하여 어떻게 논리적으로 문제를 풀어가야 하는지, 그 방법과 절차를 구체적으로 설명하였다.

마지막으로 부록에서는 중요한 시기에 있는 아이들의 고민에 도움이 될만한 내용들을 주제별로 정리하여 기술하였다.

다음의 절차를 따라 공부한다면, 학생들은 가장 효과적인 학습능력 향상을 기대할 수 있을 것이다.

첫째, 이 책의 내용을 끝까지 정독하여, 올바른 수학공부방법에 대한의 자신의 방향을 세운다. 단 제2부는 이미 공부한 단원에 준하여 읽어 본다.

둘째, 각 단원별 이론 공부 시에는,

우선 교과서 및 시중참고서를 기준으로 해당 단원을 공부한 후에, 이 책의 관련 이론 부분을 읽어 보고, 각 이론에 대한 자신의 이해의 방향 및 수준을 점검함으로써 각 단원별 자신의 1차 이론지도 형성을 마무리 한다.

셋째, 이 책에서 설명하고 잇는 4Step 사고에 기반하여, 시중 참고서의 해당 단원의 문제들을 풀어 봄으로써, 자신의 문제해결능력 훈련 및 1차 형성된 자신의 이론지도에 대한 보완 및 확장을 수행한다.

이 책이 학생들이 효과적인 공부의 방법을 터득하게 하는데 많은 도움이 되기를 바라며, 그리고 누군가에 의해 지속적인 발전을 이어갈 수 있는 베이스라인 역할을 하기를 소망합니다.

이 책이 나오기까지 물심양면으로 많은 도움을 주신 동료 선생님들과 학부모님들께 심심한 감사의 뜻을 전합니다. 특히 책의 구성부터 세부 문맥의 흐름까지 다양한 검토 및 개선 의견을 주신 김주완선생님 그리고 정찬호선생님과 손형욱학생께 각별한 감사를 드립니다.

핵심은 각 이론의 결과물인 공식만을 외우려 하지 말고, 그 공식의 논리적인 도출 과정을 생각하여, 현재 이론과 배경이론들과의 구체적인 연관성을 찾아 냄으로써 전체 이론 지도를 만들어 가는 것이다.

구체적으로는

수학이론은 과학의 논리적인 공증절차인 공리〉정리〉현상 의 단계 중 정리에 해당 되는데, 후속 이론(/정리)은 앞서 증명된 이론들(/정리들)에 기반하여 만들어 진다. 비록 우리 학생들이 직접 새로운 이론을 위한 유용한 조합을 만들어 내긴 힘들어 도, 논리적인 사고력을 갖추고 있다면 이미 결론이 정해진 이론에 대해 구성 조합을 찾아내고 이해하는 것은 그리 어려운 일이 아닐 것이다. 따라서 선생님께 설명을 듣 기 전에, 각 이론의 도출과정에 대해 먼저 생각해보고 어떤 부분이 이해가 안 되는 지 파악해보는 것은 마치 병원에서 정확한 증상을 밝혀내기 위해 사전 검진을 하는 활동과 같이 꼭 필요한 일이 된다. 또한 이것은 문제클리닉을 받기 전에 스스로 문제 를 풀어보고 채점을 하여 틀린 문제를 찾아내는 것과도 같다 할 것이다. 그런데 아 직 자기주도 학습능력을 갖추지 못한 많은 학생들은 새로운 이론은 혼자서는 할 수 없고, 반드시 선생님께 배워야 한다고 잘못 생각하는 듯 하다.

- 이론 학습과정:
  1. 먼저 혼자 힘으로, 각 이론에 대해, 가정과 결론 부분을 나누어 구분해 본다. 그 리고 가정에 속한 주어진 조건들을 실마리로 하여, 결론을 이끌어 내기 위한 논

리적인 흐름을 찾아낸다.

2. 도출 과정 중 잘 이해가 되지 않는 부분을 정리하여, 선생님께 질문할 내용을 구체화한다. 만약 선생님이 없다면, 해당 내용을 책이나 인터넷을 통해 자료조사를 할 수도 있을 것이다.

3. 수업을 마친 후 자신이 잘못 이해했던 내용을 중심으로 설명들은 내용을 복습하고, 그 내용들을 정리하여 나만의 초기 이론지도를 작성한다. 이론지도는 자기 자신에게 설명하는 연습을 통해 자연스럽게 만들어 질 것이다.
   - 이러한 초기 이론지도의 완성도는 자신의 현재 문제해결능력 단계에 따라 상이하다.
   - 자신이 제대로 공부를 했는지 파악하는 한가지 방법은 이론의 내용을 이미지화해서 상상하고, 그것을 남에게 설명해 보는 것이다. 그럴 수 있다면, 이론공부를 제대로 했다는 것을 의미한다.

- 문제풀이 학습과정을 통한 이론지도의 보완 및 완성:
1. 문제풀이 과정은 주어진 조건들을 실마리로 하여 길을 찾아가는 활동과 같다 할 수 있다. 따라서 우리는 머리 속에서 각 조건에 연관된 이론들을 떠올려 목표를 찾아가는 전체 길을 완성하려고 할 것이다. 이 과정에서 자연스럽게 우리는 공부한 이론들에 대해 적용할 기회를 갖게 된다. 그런데 만약 부분적인 길들의 조합이 아닌, 최초의 입구와 마지막 출구가 고정된 하나의 독립적인 길 형태로서

단순히 이론을 외워서 공부했다면, 이 문제에서 필요한 부분적인 적용이 어렵게 되어, 결국 해당 문제는 풀기 어렵게 될 것이다.

2. 이후 문제클리닉을 통해 틀린 이유를 제대로 찾게 된다면, 우리는 전체 통으로 된 해당이론을 몇 개의 조각으로 나누게 될 것이다. 즉 각각의 이론이 재활용이 쉬운 부분 이론들의 조합 형태로 재구성되는 것이다. 참고로 각각의 이론은 쓰기 알맞은 단위로 잘게 쪼개져 구성될 수록 그리고 입구와 출구 역할을 할 곁가지들이 많을수록 다양한 경우에서 효율적으로 이용될 수 있을 것이다.

3. 당일 복습과정을 통해, 문제클리닉에서 발견된 내용을 상기하며, 해당 문제를 다시 풀어보고 관련 이론지도를 보완 및 확장함으로써 자신의 이론지도에 대한 완성도를 높여나간다.
   - 올바로 공부한다면, 문제풀이는 논리적인 사고과정에 대한 훈련의 도구이자 공부한 이론의 내용에 대한 숙련 및 완성도를 끌어 올릴 수 있는 기회를 제공한다.

시험을 어떡하면 잘 볼 수 있을 것인가? 모두가 궁금해 할 것이다. 비록 시험자체가 공부의 근본적인 목표는 아닐지라도, 그 과정의 결실로서 현실적으로 얻어야만 하는 것이 분명하기 때문이다. 그럼 이러한 과정의 목표로서 시험을 잘 보기 위한 청사진을 분명하게 한번 그려보도록 하자. 그리고 이 책에서 언급될 자기주도학습 방법대로 공부를 한다면, 이 목적이 잘 이루어질 수 있겠는지 스스로 점검해 보도록 하자.

우선은 시험범위내의 이론들을 잘 알아야 할 것이다. 그럼 어떤 상태가 이론들을 가장 잘 아는 것일까?

첫 번째, 연관된 모든 이론들이 상호 연결된 완전한 지식지도를 갖춘다.

- 고등학교까지 배우는 수학이론들의 기본원리들은 비록 정해져 있지만, 그러한 원리들을 이용한 파생이론들의 수는 너무 많기 때문에, 단순히 모든 변형에 대한 경우를 외우려 시도해서는 도저히 커버할 수 없다.
- 지식지도의 완성 수준은 자신의 문제해결능력 단계에 따라 달라진다. 왜냐하면 선생님이 각각의 이론에 대하여 상호 연결과정을 설명을 잘해 주어도, 이해가 안 간다면, 대부분 그냥 결과만 외우게 되기 때문이다. 아무리 많이 시도해도 담을 수 있는 지식의 양은 자신의 그릇의 크기(현재 문제해결능력 수준)에 따라 결정된다.

이제 이론들을 잘 알았다면, 해당 이론들을 문제 상황에 맞게 잘 써먹을 수 있어야 할 것이다. 그런데 이론의 내용을 단순히 일대일로 매핑하여 풀 수 있는 낮은 난이도의 문제는 그리 많지 않다. 그럼 어떤 상태가 문제를 풀기 위하여 이론들을 적재 적소에 가장 잘 활용할 수 있는 것일까?

무엇이 더 필요한 것일까?

두 번째, 주어진 조건들을 정확히 파악하고, 상황에 맞는 최적의 솔루션을 선택할 수 있도록 필요한 문제해결능력 레벨을 갖춘다.

- 단순히 이론들을 잘 알고 있다고 하여, 모든 문제를 잘 풀 수 있는 것이 아니다.

다양한 상황의 문제들을 잘 풀기 위해서는

1. 문제의 상황은 하나 일 수도 있고, 복잡해 진다면 여러 개가 섞여 있을 수 있다. 그리고 구체적인 말로 명시될 수도 있지만, 많은 경우 추상적인 말들로서 함축적으로 표현되기도 한다. 따라서 우선은 주어진 조건 상황들을 구체화하여 분명하게 정리하는 것이 필요할 것이다.

2. 문제의 목표 또한 단순하게 주어질 수도 있고, 여러 개의 조건하에 변동하는 상황으로 주어 질 수도 있다. 마찬가지로 이러한 내용을 분명하게 정리하고 구체화할 수 있는 능력이 필요 할 것이다.

3. 주어진 상황을 잘 이해하였다면, 이제 목표를 달성하기 위하여, 즉 문제를 풀기 위하여 어떤 이론들을 어떤 순서대로 적용하는 것이 가장 효과적인 지에 대해,

실마리를 찾아내고 솔루션을 설계할 수 있는 능력이 필요할 것이다.

4. 마지막으로 파악된 일들을 효과적으로 실천할 수 있는 능력이 필요할 것이다.

위의 과정에 필요한 능력들을 종합하여 문제해결능력이라 부른다.

- 이러한 종합적인 문제해결능력은 발생 가능한 상황들을 세부적으로 구분하고 필요한 각각의 훈련을 체계적으로 그리고 지속적으로 해 나감으로써 단계적으로 향상시켜 나갈 수 있을 것이다.

목차

01

올바른 수학 공부의
방향 및 효과적인
이론학습체계

01

올바른 수학공부의 방향

1. 두 가지 수학공부 방법의 차이

왜 수학공부를 해야 하는 것일까?

무엇을 쌓으려고 하는 것일까? 그것은 쌓으면 유용한 것인가?

그리고 어떻게 그것을 쌓으려고 하는 것일까?

위의 질문에 대답하는 과정을 통해, 가장 효과적인 우리 아이들의 공부방법을 찾아보자.

왜 수학공부를 해야 하는 것일까?

아마도 가장 쉽게 떠오르는 대답은 좋은 대학을 들어가려면, 수능을 잘 봐야 하는데, 준비해야 할 가장 중요한 과목중의 하나가 수학이기 때문에… 일 것이다.

그리고 이것을 준비하기 위해 현재 가장 많이 이용되는 공부방법은, 암기과목 공부하듯이 수학이론의 공식 및 문제풀이 방법을 외우는 것이다. 왜냐하면 그것이 누구나 가장 쉽게 접근할 수 있는 방법이기 때문이다.

→ 이론공부: 선생님은 이론을 설명해주고, 아이들은 결론의 도출 과정의 이해보다
는 결과물인 공식을 외운다

→ 문제풀이공부: 선생님은 문제를 풀어주고, 아이들은 문제풀이 방법을 익힌다.

그러나 쉬운 방법이란 그만한 이유가 있는 법이다.

- 이러한 공부방법은 암기하고 기억해내는 단순한 사고과정만을 필요로 하기 때
문에, 공부를 통해 사고과정의 깊이가 향상되기를 기대하기는 어렵다.

- 이러한 공부방법을 통해 쌓을 수 있는 것은 광대한 양의 지식에 대한 암기일 것
이다. 그런데 그렇게 외운 수학지식들을 과연 나중에 커서 써먹는지를 생각해보
면, 아니올시다 일 것이다. 그럼 집안이 부유하거나 생각이 달라, 굳이 대학을 갈
이유가 크지 않은 아이들은 힘든 공부를 할 의지를 잘 내지 않게 된다.

그런데 수학공부를 해야 하는 이유에 대해 좀더 깊이 생각해 보자.

과연 좋은 대학에 들어가려는 이유는 무엇일까? 결국은 "졸업 후 좋은 직장을 얻
기 위해서"로 귀착될 것이다. 그런데 회사는 일을 잘 할 수 있는 똑똑한 사람을 뽑고
싶어한다. 왜냐하면 현실에서의 말들은 직접적인 표현보다 간접적인 표현을 통해 숨
어 있는 내용을 전달하는 경우가 많다. 그래서 소위 회사에서 필요로 하는 똑똑한
사람이란 문맥상에 숨어 있는 사실을 올바로 잡아낼 수 있는 깊이 있는 사고력과 적
극적인 실천력을 갖춘 사람을 뜻한다. 그러한 사람을 찾기 위해서 확률적으로 높은
좋은 대학을 찾는 것이다.

- 같은 내용을 설명해 주면, 문맥을 이해하여 전후 상호 연관관계를 한번에 파악
해 낼 수 있는 사람

- 문제를 주면, 스스로 적극적으로 해결해 낼 수 있는 능력과 자세를 갖춘 사람

그러나 만약 두 지원자가 같은 능력을 갖추었다고 판단되면, 회사는 상대적으로

적극성을 더 갖춘 지방대생을 더욱 선호할 것이다. 그리고 만약 누군가가 (가능성은 무척 희박하지만) 제대로 공부하지 않고도 운이 좋게 입시를 통과하여, 좋은 대학을 나왔더라도, 주어진 일을 기대만큼 수행해 내지 못한다면, 결국 그는 회사에서 얼마 버티지 못하게 될 것이다.

정리하면, 좋은 대학, 아니 좋은 직장을 얻기 위해서, 우리 아이들이 성인이 되기 전에 훈련해야 할 것은 문맥을 이해하고 문제를 풀어나갈 수 있는 깊이 있는 사고 능력과 지속적인 실천능력인 것이다.

그런데 현재 사회에 팽배되어 있는 위와 같은 공부방법은 그러한 요건을 충족시키지 못한다. 그럼 어떻게 공부를 해야 깊이 있는 사고 능력과 실천능력을 훈련할 수 있을 것인가?

이러한 목적을 달성하고자 할 때, 수학공부는 가장 효과적이고 체계적인 훈련방법이 된다. 앞으로 이 책을 통해 처음에는 익숙하지 않아 어렵게 느껴지겠지만, 갈수록 힘이 나는 수학공부방법을 소개하고자 한다.

→ 이론공부: 선생님은 바로 내용을 설명해 주기보다는, 각 이론의 결과물인 공식이 주어진 상황 및 배경이론들 하에서 어떻게 도출되는 지, 그 과정에 대해 아이들이 스스로 실마리를 찾아갈 수 있도록 도와준다. 그러한 과정을 통해 아이들이 자연스럽게 가정에서 결론을 유추해 나가는 논리적인 사고과정을 익히고, 기존 이론들과 새로운 이론간의 연관관계를 인지하여 스스로의 초기 이론지도를 형성할 수 있도록 한다.

→ 문제풀이공부: 선생님은 바로 문제를 풀어주어 아이들이 단순히 문제풀이 방법 자체를 외워서 익히도록 하기보다는, 우선 문제마다 달리 주어진 조건상황을 구체

적으로 인지한 후 실마리를 찾아가는 논리적인 사고과정을 통해서 문제를 풀어 나가야 한다는 점을 주된 방향으로 인지시키고, 아이들 단계에 맞게 그 방법을 점진적으로 훈련시켜 나가도록 한다. 실행의 주안점은 어느 과정에서 그 문제를 틀렸고 왜 틀렸는지를 인식하게 한 후, 그것을 고쳐나가도록 하는 것이다. 그리고 이것의 실행과정에서 기준이 되는 것이 바로 표준문제해결과정이다.

이런 방식으로 공부하는 것은 어느 정도 익숙해질 때까지는 힘이 들 것이다. 그렇지만 일정 사고 깊이가 갖추어지고 나면, 점점 수월하게 그리고 효과적으로 공부해 나갈 수 있게 될 것이다.

아이들은 공부하는 과정을 통해 자연스럽게 다음의 두 가지 능력을 훈련하게 된다.
- **깊이 있는 논리적 사고과정에 대한 훈련**
- **일정 성취에 도달하기까지, 힘든 것을 참고 이겨내는 실천 능력**

즉 이러한 능력이 공부를 함에 따라 쌓여지게 되는 것이다. 그리고 이것은 아이들 스스로 자부심을 느끼게 할 것이고, 그것은 수학공부에 점차 흥미를 부여시켜 줄 것이다.

다음에 위에서 열거한 두 가지 공부방법을 비유를 통해 각각 형상화 해 봄으로써, 이해를 돕고자 한다.

첫 번째 공부방법은 마치 어떤 동네에서 다음과 같이 목적지를 찾아가는 것과 같다.
- 일단 출발하여, 선생님은 아이를 데리고, 정해진 목적지까지 데려 간다.
- 아이는 따라가면서 가는 길을 외운다. 이때 아이는 따라가는 길의 인지만을 목적으로 함으로 주변 환경에 대한 인식의 시야는 상대적으로 좁게 된다.
- 다음날 아이보고 혼자서 가보라고 한다. 아이는 어제 간 길을 더듬어 가지만, 길을 잃거나 또는 공사 등 장애상황을 만날 경우 계속 가지 못하고 결국 제자리로 되돌

아 오고 만다.

두 번째 공부방법은 동일한 상황에서, 다음과 같이 목적지를 찾아가는 것과 같다.

- 출발하기 전에 선생님은 아이에게 목적지가 현재 위치에서 어느 방향에 얼만큼 떨어져 있는지 인지 시킨다. 그리고 그 방향으로 아이와 함께 출발한다.
- 목적지까지 가는 도중에 만나는 각각의 갈림길에서 아이에게 그때까지 이미 온 거리 및 앞에 주어진 상황을 고려하여 어느 길을 선택할 것인지 판단해 보라고 한다. 이때 아이는 주변 상황을 파악해야 함으로 살펴보는 시야는 상대적으로 넓어지게 될 것이다. 그리고 만약 잘못된 판단을 할 경우, 왜 그랬는지에 대해 아이에게 인지 시키고 스스로 고쳐나갈 수 있도록 한다.
- 다음날 아이보고 혼자서 가보라고 한다. 아이는 우선 어제 간 길을 더듬어 갈 것이다. 그러나 중간에 길을 잃거나 또는 공사 등 장애상황을 만날 수도 있다. 그렇지만 어제 각각의 갈림길에서 현재 주어진 상황을 고려하여 적합한 길을 찾는 과정을 연습하였으므로, 스스로 목적지로 가는 다른 길을 찾아낼 수 있을 것이다.

지식의 습득 자체에 치중한 첫 번째 공부방법은 단지 암기와 기억의 단순 사고만을 요구하므로, 처음에 접근하기에는 쉽지만 시간이 지나도 공부의 효율은 크게 높아지지 않는다. 왜냐하면 상호 연결 없이 단순히 쌓아 놓은 지식은 그리 오래 기억되지 않기 때문이다. 그리고 문제의 난이도가 높아질 수록 문제의 패턴은 급격히 늘어나고 그에 상응하여 필요한 공부 시간도 급격히 늘어나게 됨으로, 점차 감당하기 어렵게 된다. 즉 이것은 현실적으로 기본 패턴을 벗어나지 않는 쉬운 문제풀이에나 적용 가능한 공부방법인 것이다. 더욱이 공부가 단순히 암기를 하는 것처럼 인식되어 재미도 없을 뿐 아니라, 꾸준히 노력해도 발전하는 느낌이 없어 점차 공부가 지겹고 힘들게만 느껴지게 될 것이다.

그에 비해 자연스런 지식 습득을 위해 필요한 능력 형성에 초점을 맞춘 두 번째 공부방법은 난이도에 따라 요구되어지는 깊이 있는 사고력을 단계적으로 훈련해 나가는 것이다. 이 방법은 비록 처음에는 단순히 외우는 것에 비해 접근하기 어렵게 느껴지지만, 올바른 훈련 과정을 통해 사고력 단계가 일정수준이상 올라갈 경우, 학생은 연결된 지식의 습득을 넘어 다양한 상황의 문제를 스스로 풀어가고 있다는 감을 느끼게 된다. 그리고 그러한 시점을 고비로 공부의 효율 또한 급격히 좋아지게 된다. 그리고 공부를 하면 할 수록 스스로 해낼 수 있다는 자신감과 더불어 스스로 똑똑해져 감을 느끼게 된다. 비록 땀이 나는 만큼 힘은 들지만, 노력한 만큼 실력도 쌓이고 스스로에 대한 뿌듯함도 얻게 될 것이다.

현실적인 이야기를 하면, 수능난이도 정도를 커버하기 위해 필요로 하는 공부시간을 비교해 보면, 첫 번째 방식으로 공부하는 학생은 두 번째 방식으로 일정수준에 오른 학생에 비해 열 배 이상의 시간을 투자해야 할 것이다. 즉 공부효율의 극심한 차이로 인해 두 사람의 경쟁구도는 아예 성립조차 되기 힘들 것이다.

2. 단순 암기 방식의 이론공부방법에 대한 문제점의 이해 : 이론의 적용측면

하나의 이론은 사용되는 용어들에 대한 정의와 이론이 적용되는 상황에 대한 가정 그리고 결론으로 구성된다. 그런데 많은 학생들이 이론을 공부할 때 너무 결론에만 치중하여 생각하려 한다. 복잡해 보이는 과정에 대한 이해보다는 결론에 해당되는 이론의 공식을 적용하는 방법만을 쉽게 얻으려고 하는 것이다.

그러다 보니 이론공부가 일정한 상황패턴과 그와 연결된 공식의 암기로 되어버린 것이다. 이러한 공부방식은 어쩔 수 없이 다음과 같은 문제점들을 내포하게 된다.

- 이론자체의 재사용/적용 측면 : 하나의 이론이 도출되기까지의 전체 전개과정은 몇 개의 단위 과정에 해당되는 이론 블록들이 합쳐져서 구성된다. 이것은 마치 출발점에서 목표지점에 가기까지의 전체 길은 도중에 만나는 각각의 갈림길에 의해 구분되는 단위 길들이 합쳐져서 구성되는 것과 같다고 할 수 있다.
현실적으로 재사용 측면에서 본다면 전체 길보다는 작은 단위 길들이 훨씬 더 빈도가 많게 될 것이다. 그러기 위해서는 이러한 단위 길들이 제각기 입구와 출구를 가질 수 있어야 하는데, 만약 전체를 하나의 패턴으로만 기억하고 있다면 그러한 입구와 출구를 인지하지 못해 작은 길 단위의 재사용은 어렵게 될 것이다. 왜냐하면 어떤 길이 재 사용되기 위해서는 우선 그 자체가 인지될 수 있어야 하고 또한 선택되어져야 하기 때문이다. 여기에서 작은 길은 전체 이론의 부분과정을 비유하고 있다.
- 적용할 이론에 대한 선택 측면 : 어딘가를 가기 위해 길을 나설 때, 때론 무작정 길을 나서기도 하지만, 많은 경우 평소에 알고 있는 정보를 기반으로 현재 시점에 적당한 루트를 생각한 후, 출발을 하게 된다. 특히 처음 가는 길이거나 시간이 촉박한 것처럼 별도의 상황이 주어진 경우, 이러한 사전 계획은 꼭 필요한 일이

된다. 즉 출발 전에 알 수 있는 주변상황에 대한 조사를 한 후, 구체화된 정보를 기반으로 어떤 길이 현재 상황에 가장 적합할 고민하고, 최선의 루트를 선택하게 되는 것이다.

그리고 우리는 목표지점까지 가는 동안 여러 번의 갈림길을 만나게 되는 데, 각 갈림길에서 그 동안 변한 내용이 없는 지 판단하여 필요한 경우 가야 할 루트를 조정하게 된다. 즉 각각의 갈림길마다 작은 시작(/입구)과 끝(/출구)을 갖게 되는 것이다.

즉 무작정 전체 길 단위로 외운 길을 가지 않고(/네비게이터에 의존하여 안내대로 마냥 길을 쫓아 가지 않고) 각 갈림길에서 주변 상황의 변화를 고려하여 새로운 판단을 하면서 길을 찾아가는 방식을 지속한다면, 얼마 가지 않아 자연스럽게 전체 동네 지도를 그려 낼수 있게 될 것이다. 또한 그 과정을 통해 판단하는 사고과정의 속도 또한 상응하여 빨라질 것이다. 그러나 반대로 네비게이터에 의존하거나 단순히 외운 전체 길을 따라서 간다면, 전체 동네지도를 만들기까지는 요원하게 될 것이다.

독자 여러분도 느꼈다시피, 여기서 전체 동네 지도가 비유하고 있는 것은 하나의 단원에 속한 수학이론지도이다. 그리고 수학이론지도를 완성했다는 것은 이론의 개념과 원리를 완벽히 이해했다는 것을 의미한다.

고등학교까지의 수학공부의 목적은
궁극적으로는 논리적인 생각의 깊이와 속도를 향상시키는 데 있다. 즉 성인이 되었을 때, 임의로 주어진 상황에서 본인이 원하는 선택을 하기 위한 기본적인 사고능력을 확보시키고자 하는 것이다.

그렇지만 눈에 보이는 측면에서는 시험을 잘 보기 위해 필요한 단원들의 수학이론지도를 완성하는 것이라 할 것이다. 다음 장에서 다루게 되겠지만 사고능력과 이론지도의 완성도는 밀접한 상관관계가 있다.

　이러한 관점의 당위성은 실제 사회에서 이용하는 필요한 수학이론들에 대한 분야별 기초이론은 대학의 전공별 학사과정에서 다시 다루게 될 것이며, 전문적인 적용이론 또한 석사과정 이후 또는 회사에 들어가서 비로서 다루게 되기 때문이다. 또한 고등학교 졸업 후에는 많은 사람들이 더 이상 수학공부를 하지 않는다는 점을 상기해 볼 때, 고등학교까지의 수학공부의 목적은 이론 자체의 내용에 대한 중요성보다는 그것을 소재로 하여 훈련해야 하는 논리적인 사고능력에 있다 할 것이다.

　현재 우리 모두는 방향을 제대로 인지하지 않고, 남들이 뛰니까 같이 뛰어가고 있는 형상이다!!!

3. 효과적인 문제 해결을 위한 논리적인 사고과정에 대한 이해

표준문제해결과정 : 논리적인 사고의 흐름

1) **내용의 형상화(V) : 세분화 및 도식화 - 주어진 내용의 명확한 이해**

- **百聞 不如一見** : 주어진 내용의 가장 정확한 이해는 그 내용을 이미지화 하여 상 상할 수 있는 것이다.

그것을 위해

① 단위문장을 기준으로 각각의 내용을 식으로 표현한다.

→ 문장전체를 한번에 읽고 올바로 해석하여, 한꺼 번에 관련된 식을 도출하는 것은 쉽지 않지만, 단위 문장 하나씩을 식으로 표현하는 것은 쉽게 할 수 있다. 만약 식으로 표현하지 못한다면 각 문장과 관련한 이론의 점검이 필요하다.

② 식으로 표현된 조건들을 그림으로 표현하여 종합한다.

→ 각각의 내용을 종합하여 표현하면, 교점과 같이 문맥상에 숨어 있는 사실 및 구체적인 적용범위들이 겉으로 드러나게 된다. 함수의 그래프 표현은 이 과정 을 위한 매우 유용한 도구이다.

2) **목표의 구체화(T) : 구체적 방향을 설정하고 필요한 것 확인**

- 목표의 명확한 인식을 통해 五里霧中 을 경계한다.

① 목표의 형상화 : 형상화된 조건들과 함께 목표를 연관하여 표현

→ 조건에 따라 변화하는 목표의 경우, 관련 식을 통해 변화의 궤적을 구체적 으로 표현해야 한다.

② 필요한 것 찾기 : 형상화된 내용을 기반으로, 목표를 달성하기 위해서 추가 적으로 필요한 것을 찾는다.

→ 이것은 대상을 구체화하여 고민의 범위를 줄이는 것이다.

3) 이론 적용(L) : 구체화된 정보를 가지고 상황에 맞는 최적의 접근방법 결정하기

- 주어진 조건들을 실마리로 하여, 필요한 것을 얻기 위하여 적합한 이론을 찾는다.

→ 쉬운 문제의 경우, 밝혀진 식들을 가지고 단순히 연립방정식을 푸는 형태가 될 것이다. 그러나 어려운 문제의 경우, 주어진 조건들에 기반하여 새로운 적용이론을 찾아야 할 것이다.

※ 문제가 잘 안 풀릴 경우, 논리적인 접근방법

① 주어진 조건 중 이용하지 않은 조건이 있는지 확인한다.

- 주어진 조건을 모두 이용해야 문제를 가장 쉽게 풀 수 있다.

② 현재 밝혀진 조건 이외의 문맥상에 숨겨진 다른 조건이 더 있는지 확인한다.

③ 현재 고민하고 있는 내용이 목표와 방향성이 맞는지 확인한다.

- 고민의 범위가 너무 막연한 게 아닌지 확인하다 : 목표의 구체화를 통한 고민의 범위 줄이기

- 주어진 상황과 접근방법 자체에 대한 점검 : 부정방정식에 대한 접근방법 고려

⇒ 만약 내용형상화 단계에서 주어진 어떤 내용을 식으로 표현(/조건의 구체화)하지 못했다면, 관련이론에 대한 자신의 이해를 다시 점검한다.

4) 계획 및 실행(M)

- 해야 될 일들에 대한 우선순위를 정하고, 정리된 계획을 실행에 옮긴다.

전 과정의 실행 후에도 여전히 미 해결 내용(모르는 것)이 있을 경우,

모르는 것이 다시 목표가 되고, 현재까지 밝혀진 내용을 주어진 내용으로 삼아, 1-4 과정을 반복 시행한다. (문제의 난이도 상승 : L1 → L2 → L3)

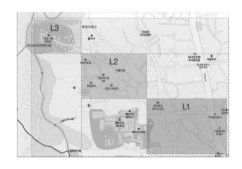

표준문제해결과정의 형상화

- 표준문제해결과정은 문제를 가장 쉽게 푸는 방법이다.

1. 내용형상화(V)

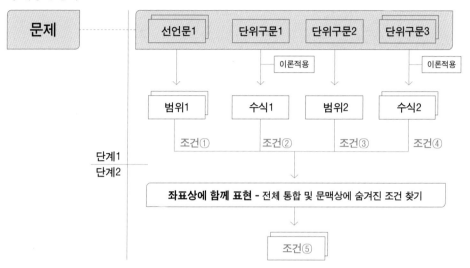

2. 목표구체화(T)

3. 이론적용(L)

밝혀진 조건들(①②③④⑤……)을 실마리로 하여, 구체화된 목표를 구하기 위한 적용이론들(/접근방법)을 찾는다.

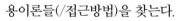
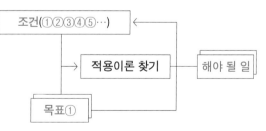

4. 계획 및 실행(M)

효율적인 작업을 위한 일의 우선순위 설정 및 실행

표준문제해결과정 및 적용

STEP 1 : 내용 형상화

의미: 제한된 시간 안에 목표 지점을 찾아가기 위해서는, 내가 이용해야 할 조건들을 구체적으로 알아야 효과적으로 계획할 수 있다. 그런데 문제의 내용은 대부분 제시자의 시각에서 주관적이고 묘사적인 방법으로 기술되어져 있다. 그런데 이는 풀이하는 입장에서는 처음 접하기 때문에, 물론 문장 구성의 정도/난이도에 따라 다르겠지만, 한번에 그 내용을 이해하기는 어렵다. 따라서 주어진 각각의 내용을 객관적으로 구체화하고 이를 전체적으로 구성해 보는 작업은 정확한 상황에 대한 이해를 할 수 있게 하는 데 꼭 필요한 일이 된다. 그리고 그 작업이 표준문제해결 과정의 첫 번째 스텝이 되는 것이다. 이 내용을 형상화해 보면, 문제에 관련된 동네의 지도를 준비하고, 그 지도 위에 밝혀진 조건들을 표시하는 것이다.

절차:

1) 접속사나 마침표를 기준으로 전체 문장을 하나씩 단위 구문 별로 세분화한다.

2) 각 단위 구문을 하나씩 식으로 옮긴다. 식이 성립되지 않는 경우, 그 주된 내용을 알기 쉽게 정리해 놓는다. 이렇게 정리된 내용들을 이용해야 할 구체적 조건으로 삼고, 하나씩 번호를 부여한다.
   - 식으로 옮기는 행위자체가 묘사적인 수식어들을 제외한 핵심사항을 정리하는 것과 같다.
   - 주어진 내용을 식으로 옮기지 못한다면, 관련된 이론에 대한 이해가 부족한 것을 뜻한다. 즉 그 이론을 다시 설명할 수 있을 정도로 공부한 후, 이 문제를 다시 도전해야만 한다.
   → 도형이나 그래프로 제시된 문제와 같이, 내용이 이미 형상화 된 문제에 대한 이

스텝의 진행과정은 역방향이라 할 수 있다. 수식을 그림으로 형상화하는 대신에 그림 속에 표현된 각각의 내용에 해당되는 수식을 찾아내는 것이다.

난이도 L1이 안되는 문제의 경우, 대부분 이 단계에서 내용형상화는 끝이 난다. 게다가 더욱 쉬운 문제는 처음부터 내용이 아예 식으로 주어지는 경우이다. 그런데 난이도가 올라갈 경우, 어떤 문제는 비록 처음부터 식으로 주어져 있지만, 문맥상에 숨어있는 내용을 파악해내지 못한다면 문제를 풀기 어려운 경우도 있다. 즉 어려운 문제의 경우, 문맥상에 숨어 있는 조건들을 찾아내야만 그 문제를 풀 수 있는 것이다.

3) 문맥상에 숨어 있는 조건들을 겉으로 드러나게 하는(일관성 있게 적용할 수 있는) 좋은 방법중의 하나는 주어진 조건들을 그림으로 형상화하여 상호관계가 눈에 보이도록 하는 것이다. 예를 들어, 구체화된 조건 식들을 같은 좌표평면상에 통합하여 함께 그래프로 나타내면, 자연스럽게 교점 및 범위 등이 드러나게 되는 것이다. 그렇게 새롭게 발견된 조건들을 이용해야 할 조건으로 추가하고, 각각 번호를 부여한다.
- 함수의 그래프를 그리는 방법(부록1 참조)을 터득해 놓는 다면, 이 작업을 상대적으로 쉽게 할 수 있을 것이다.
- 만약 그래프로 표현하기 어렵다면, 통합을 하여 표현하기 위한 목적을 맞출 수 있는 벤 다이어그램/순서도 등과 같이 다른 그림 수단을 이용할 수 있을 것이다.

→ Tip: 문장이 하나일 때는 대부분의 학생들이 그 내용을 쉽게 구체화 한다. 그런데 서술형문제와 같이 여러 개의 문구나 문장이 길게 늘어져 있을 때는, 그 내용을 쉽게 구체화하지 못한다. 그것은 아이들이 욕심을 부려 한꺼번에 머리 속에서 문제에 대한 종합적인 이해를 시도하기 때문이다. 그러한 시도는 자신의 현재 능

력을 배재한 체, 그렇게 하는 것이 가장 빨리 가는 방법이라고 머리 속에 잠재하고 있기 때문에 일어나는 자연스런 현상이라 할 수 있다. 그렇지만 그러한 마음을 스스로 통제할 수 있어야 하는 것이고, 그것도 수학공부를 통해 훈련해야 하는 것 중 하나이다. 따라서 이에 대한 생각을 인식시키고, 그것을 서서히 바꾸어 주어야 한다. 즉 한꺼번에 하려 하지 말고, 현재 할 수 있는 능력에 맞춰, 단위 구문 별로 하나씩을 구체화하고, 이것을 여러 번하여 자연히 전체 내용을 구체화할 수 있도록 생각의 전환을 유도해야 한다.

- 불행히도 논리적 사고과정이 배제된 패턴별 문제풀이 학습방법이 쉽게 가려는 아이들의 욕구에 맞춰준 양상으로 성급한 인식을 고착시키는 데, 일조하지 않았나 싶다.

STEP 2 : 목표 구체화

의미: 쉽게 말하면, 목표를 형상화된 내용과 함께 연계시키는 것이다. 즉 같은 지도에서 목표의 위치를 확인하는 것이다.

절차:

1) 목표구문 및 문장을 해석하여 목표를 명확히 확인한다.

   목표가 상황에 따라 변하는 경우, 그 내용을 수식으로 표현하고, 그 변화하는 궤적을 형상화한다.

   → 목표의 형식 및 표현내용도 이용해야 할 조건이 될 수 있다.

2) 목표를 얻기 위해 필요한 것들을 구체화하고, 현재 주어진 조건들과 비교해 본다.

   이미 밝혀진 사항을 제외하고 남은 필요한 것을 구체화된 목표로 삼는다.

   → 이렇게 구체화된 목표는 고민의 범위를 줄여준다.

STEP 3 : 이론 적용

의미: 지금까지는 목표지점에 가기 위해 어떤 루트를 선택할 지를 결정하기 위해 사전조사를 한 셈이다. 즉 알고 있는 내용들을 가지고 구성된 (이론)지도 위에 출발발점과 목표 그리고 지금까지 밝혀진 조건들이 해당 길 위에 표시 되어 있는 셈이다. 이제 남은 것은 이것들을 실마리로 하여 현재 상황에 맞는 최적의 루트를 찾아내는 것이다.

절차:

1) 밝혀진 조건을 모두 이용하는 이론(/루트)을 선정한다.

   - 쉬운 문제인 경우, 이 루트(/적용이론)는 각 조건에 연결된 이론으로부터 이미 만들어진 식들을 가지고 단순히 연립방정식을 푸는 것이 될 것이다.

   - 어려운 문제인 경우, 이 루트(/적용이론)는 여러 개의 이론(/길)들의 조합이나 비교/판단/확장 등 논리적인 추론을 좀더 필요로 한다. 이때 추론의 방향은 무작정 찾는 것이 아니라, 구체화된 목표와 연계하여 주어진 조건들을 실마리로 하여 찾아야 한다.

   → 목표의 형식 및 표현내용도 이용해야 할 조건 및 실마리가 될 수 있다.

   → 주어진 조건들을 실마리로 하여 적용이론을 찾는 과정에 있어, 주어진 조건의 형태가 예상 적용 이론과 직접적인 매치가 될 수도 있지만, 어려운 문제 일수록 직접적인 매치보다는 확장을 하여 매치 점을 찾아내야 한다. 마찬가지로 확장의 방향은 무조건 아무거나 시도하는 것을 아니라, 주어진 조건을 실마리로 이용하는 쪽이 되어야 보다 쉽게 문제를 풀어갈 수 있다.

   - 적용이론(/루트)을 찾는 과정이 여러 Cycle의 깊이 있는 사고를 필요로 하는 경우, 한 Cycle의 사고를 통해 새롭게 밝혀진 내용을 구체적으로 표현해 놓아야 한다. 그래야만 그 내용을 다음 Cycle의 사고에서 쉽게 이용할 수 있게 되기 때문이다.

2) 문제가 잘 안 풀린다면, 다음의 사항들을 기본적으로 점검한 후 필요한 작업을 수행한다.

- 구체화된 모든 조건을 다 이용하였는가?
- 모든 조건을 다 구체화 하였는가? 혹시 선언문 등 빠뜨린 것은 없는가?
- 목표구체화를 통해 세부 목표를 찾아내고, 거기에 맞추어 고민의 범위를 줄였는가?
- 형상화를 통해 숨어 있는 조건을 모든 찾아 내었는가?
- 마음이 조급하여, 논리적인 사고과정에 따라 객관적으로 문제를 풀어가지 않고, 과거에 경험한 특정 패턴에 맞춰 상황을 무리하게 꿰 맞추는 시도를 하고 있지는 않은가?
→ 그렇다면 마음을 바로잡고, 첫 번째 스텝부터 다시 해나가야 한다.

위의 사항들을 모두 점검하였는데도 잘 문제가 풀리지 않는 다면, 현재 실력에 비해 제 시간 안에 풀기 어려운 문제이니, 조급해 하지 말고 충분히 시간을 가지고 고민하는 것이 올바른 공부 방법이 될 것이다. 꾸준한 훈련을 통해 사고의 근육을 쌓으면, 정확도와 속도는 점점 빨라질 것이기 때문이다.

STEP 4 : 계획 및 실행

의미: 이제는 선택된 루트를 따라 실제 진행하는 것만이 남았다. 그런데 여러 개의 일들이 조합되어 있는 경우, 순서를 반드시 지켜야 하는 일들과 그렇지 않은 일들이 있을 것이다. 즉 실천의 정합성과 효율성을 위하여, 일의 우선 순위를 결정한 후, 순서에 따라 실행을 하는 것이 필요하다. 그리고 실행 도중에, 혹 가정했던 상황이 바뀐다면, 해당 스텝으로 되돌아 가야 할 것이다.

절차 :

1) 실천의 효율성을 위하여, 일의 우선 순위 결정한다. 즉 요구된 일들의 실행순서
   를 결정한다.

2) 계획된 순서에 따라, 일을 실행한다.

3) 실행 도중에, 혹 가정했던 상황이 다르다는 것을 알게 된다면, 해당 스텝으로
   되돌아 가서 필요한 조정을 수행한다.

02

효과적인 이론 학습 체계

1. 이론 구성 원리와 이해의 단계

역사상 가장 위대한 수학책이라 불리는 유클리드(Euclid)의 『원론(Elements)』은 철학, 과학 등 각종 학문들뿐만 아니라 현대의 우리 사고방식에도 큰 영향을 주었다. 모두 13권으로 구성된 『원론』은 5개의 공리와 5개의 공준으로 시작한다. 여기서 공리는 증명이 필요 없는 자명한 명제, 진리로 인정되며, 다른 명제를 증명하는 데 대전제가 되는 원리를 의미한다. 그리고 공준은 기하학에 관련된 공리라고 할 수 있다.

〈유클리드 5공리〉

✓ 공리1: 동일한 것에 같은 것은 서로 같다. ($a = b$, $a = c \rightarrow b = c$)

✓ 공리2: 같은 것에 서로 같은 것을 더하면 서로 같다. ($a = a'$, $b = b' \rightarrow a+b = a'+b'$)

✓ 공리3: 같은 것에 서로 같은 것을 빼면 서로 같다. ($a = a'$, $b = b' \rightarrow a-b = a'-b'$)

✓ 공리4: 서로 포갤 수 있는 것은 같다.

✓ 공리5: 전체는 부분보다 크다.

〈유클리드 5공준〉

✓ 공준1: 임의의 점에서 임의의 점으로 한 직선을 그을 수 있다.

　- 두 점을 지나는 직선은 한 개뿐이다.

✓ 공준2: 유한 직선은 그 양쪽으로 계속 직선으로 연장할 수 있다.

✓ 공준3: 임의의 점에서 임의의 반지름을 갖는 원을 그릴 수 있다.

✓ 공준4: 모든 직각은 서로 같다.

✓ 공준5: 두 직선이 하나의 직선과 만날 때 같은 쪽에 있는 두 내각의 합이 180도
　　　　보다 작으면, 두 직선을 무한 연장했을 때 반드시 그 쪽에서 만난다.

　- 직선 밖의 한 점을 지나 이 직선에 평행하는 직선은 오직 하나뿐이다.

『원론』은 이같은 공리와 공준을 토대로 해 465개의 명제를 증명해 낸다. 물론 명제들을 증명하기 위해서 점, 선, 면과 같이 기초적인 개념에 대한 정의가 각 권에 선행되기는 하지만, 이 정의들을 제외한다면 결국 10개의 전제를 토대로 465개나 되는 명제를 증명하는 내용을 포함하고 있다.

이러한 증명체계를 토대로 이후 수 많은 새로운 정리들이 도출되었고, 그것이 발전하여 자연현상까지 정확하게 밝혀냄으로써 이 세상의 과학이 빈틈없이 발전해 온 것이다. 우주여행을 할 수 있을 정도로…

우리가 학생시절에 배우는 대부분의 이론은 "정의>공리/공준>정리>현상"에 이르는 과정중 정의와 정리에 해당된다고 할 수 있다.

그럼 어떻게 하면 각 이론의 개념과 원리를 가장 잘 이해할 수 있는 것일까? 그리고 그 이해의 과정을 통해서 어떻게 자신의 사고체계를 발전시켜 나갈 수 있을까?

이미 언급한 바와 같이 새로운 이론이란 기존 이론들의 특정 조합을 통해 새롭게

만들어진 유용한 사실/정리라고 할 수 있다. 만약 이론에 대한 개념과 원리의 이해라고 칭해지는 이론공부의 현실적인 목적을 각 이론의 결과적인 현상에 대한 이해라고 생각한다면, 이것은 배경이론들의 특정 성질들을 가지고 새로운 결론을 도출하기까지의 과정 자체에 대한 이해라고 할 수도 있다. 하지만 이론공부보다 발전적인 목적은 현재 이론의 이해 자체를 넘어서 이론공부에 대한 향후 자기주도학습능력을 확보하는 것이라 할 것이다. 이것을 위해 보다 중요한 것은 결과의 해석적인 측면 뿐만 아니라 어떠한 실마리를 가지고 그러한 배경이론들을 사용하게 되었는지, 그리고 결론에 이르게 되었는지에 대한 동적인 사고의 과정을 이해하는 것이라 할 것이다. 그래야만 이론의 자기주도학습 능력향상을 위한 훈련이 될 것이기 때문이다. 따라서 정작 우리 학생들이 훈련해야 할 부분은 누군가 만들어 놓은 결론의 내용에 대한 이해보다는 선정된 적용방법이 어떤 판단과정을 거쳐 선택되었는지에 대한 사고과정 자체인 것이다. 이 것은 당연히 문제풀이의 경우도 마찬가지이다.

이제부터 그러한 사고의 과정을 알아보자.

하나의 이론은 기본적으로 참, 거짓을 판별할 수 있는 명제라고 할 수 있다. 그리고 우리가 배우는 이론은 대부분 참인 명제이다. 각 이론의 내용은 사용되어지는 용어와 조건, 그리고 그들간의 관계로서 규명되어 진다.

- 이론의 내용구성 : 용어 + 조건 + 관계
  즉 이론의 전개는 사용된 용어의 의미 전제하에서, 기존에 참으로 밝혀진 관계로부터 새로운 관계 또한 참임을 보이는 것이라 할 수 있다.

- 사용된 용어들 : 이론의 영역 및 범위를 결정한다.
  → 용어의 정의로부터 적용 영역 및 범위를 유추할 수 있어야 한다.

- 주어진 조건들 : 정의된 영역 하에서 적용될 범위를 결정한다.

- 기존에 참으로 밝혀진 관계들 : 이미 증명된 배경이론들로부터 나온다.

 → 직접적으로 표현되지 않을 경우, 주어진 조건들로부터 관련이론에 대한 실마리를 찾아야 한다.

- 새로운 관계 : 참임을 증명해야 할 대상이다.

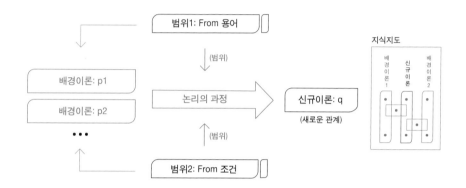

위 그림에서 검정색 글씨 부분은 각 이론에 명시적으로 표현되는 내용들이다. 그리고 파란색 글씨 부분은 대부분의 경우 명시적으로 표현되지 않으므로 우리 스스로 찾아야 하는 부분으로써, 이론의 개념과 원리에 대한 보다 정확한 이해를 위해서 우리 학생들이 이해해야 만 하는 내용들, 즉 이론공부의 대상인 것이다. 이러한 이해의 과정을 통해 우리 학생들은 그들의 논리적 사고력을 훈련하게 되고, 그에 따라 이론의 발전과정에 대한, 바꾸어 말하면 새로운 지식의 습득에 관한 자신의 사고체계를 정립시켜 나가게 되는 것이다.

- 그냥 문제풀이를 목적으로 단순히 공식 암기하듯이 이론을 외우다면, 자신의 논리적 사고체계 정립이라는 진정한 공부는 하지 못하게 되는 것이다.

그럼 위에 제시된 과정을 모두 해 나간다면, 이론을 완벽하게 이해했다고 할 수 있을 것인가?

　일견 그럴 것 같지만, 사실 그렇지 못하다.

　위의 과정은 하나의 방향에서 본 이론의 내용에 대한 단 방향 이해에 불과하다. 비유해서 설명하면,어떤 사물을 정확하게 이해하기 위해서는 여러 방향의 이해를 종합해 보아야 한다. 코끼리를 정확히 묘사하려면 앞/뒤/옆면에서의 시각을 종합해야만 하는 것과 같은 이치이다.

　다음은 이러한 관점에서 이론에 대한 이해의 단계를 Level 0, 1, 2, 3 으로 구분하여 설명하였다. 여러분은 Level 3 단계에서 어느 정도 완성된 지식지도의 모습을 볼 수 있게 됨을 알 수 있다. 즉 이 단계에 도달하면, 특별한 장애상황이 발생하지 않은 한, 임의의 상황에서도 이 이론의 적용을 수월하게 할 수 있게 될 것이다. 소위 이론의 개념과 원리를 가장 잘 이해하는 단계라 할 수 있을 것이다. 이렇게 단계를 구분하는 또 다른 중요한 이유는 이론의 이해능력 훈련에 대한 이정표를 설정함으로써, 학생들의 훈련의 성과에 대한 가시화를 하기 위함이다.

이론의 구성원리와 이해력 단계 비교

◆ Level 0 - 이해의 과정 없이 형태와 결과의 암기

: 이론의 구별을 위한 형태의 인식과 결론에 대한 암기

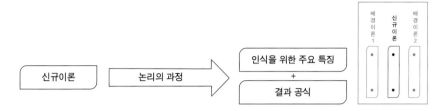

⇒ 설명:

이론이 어떻게 도출되었는지는 상관없이 빠른 습득을 위해 신규이론의 특징적인
모습과 결론만이 관심의 대상이다. 그래서 새로운 이론이 나타나면, 이론의 특징들
을 쉽게 얻기 위해서 누군가를 통해 배우려 한다.

- 이론적용을 위해선 인식된 특징과 딱 맞아야 함으로, 이론의 확장 적용에 무척
  제한적일 수 밖에 없다.
- 비유적으로 이 단계에 있는 사람에게 코끼리는 아이들의 그림 속에 나타내는 길
  다란 코와 상아를 가진 덩치 큰 동물 수준이다. 누군가 다른 특징/시각의 모습을
  설명하면, 그것을 코끼리로 인식하지 못한다.

이러한 접근은 골치 아픈 사고의 과정을 필요로 하지 않기 때문에, 이론에 대한
단순 습득으로는 가장 빠르고 쉬운 방법이다. 그렇지만 마찬가지로 이론 공부를 통
한 깊이 있는 사고과정 훈련은 되지 못한다. 또한 이렇게 이론을 암기식으로 공부하
면, 이 이론을 이용하는 모든 변형 문제들에 대한 유형 및 풀이방법들 역시 외워야
한다.

◈ Level 1 - 단 방향 논리의 이해

: p의 입장에서, 명제 p → q 가 참이 되는 과정을 이해

(진행방향의 이해 : P , Q 의 범위 인식)

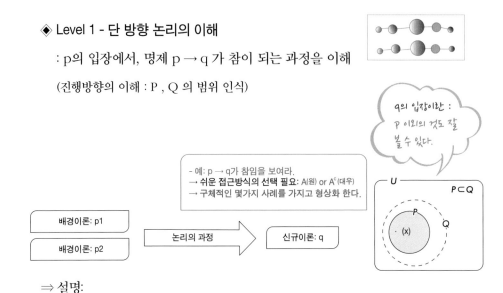

q의 입장이란 :
P 이외의 것도 잘
볼 수 있다.

- 예: p → q가 참임을 보여라.
→ **쉬운 접근방식의 선택 필요:** A(원) or A^c(대우)
→ 구체적인 몇가지 사례를 가지고 형상화 한다.

배경이론: p1

배경이론: p2

논리의 과정

신규이론: q

⇒ 설명:

이론의 일반적인 증명과정은 연역적 방법을 따른다. 그런데 이 과정은 p의 입장에서 보는 것에 따른 다음과 같은 제한점을 가지게 된다.

- 비유적으로 어떤 물건이 집안에 있다는 것을 증명 할 때, 내가 집안에 위치할 경우 증명은 할 수 있지만 집의 모습을 직접 볼 수는 없는 것이다. 즉 신규이론의 전체 모습, 경계를 보기가 어렵다.

- 증명해야 할 대상 또는 종류가 많은 경우, 증명과정이 무척 길게 된다.

만약 결론에 해당하는 Q의 여집합(Q^c)에 속하는 대상 또는 종류가 적다면, 반대 접근방법을 고려하는 것이 좋다. 왜냐하면 원명제(p → q : P ⊂ Q)와 대우명제(~q → ~p : Q^c ⊂ P^c)는 같은 상황을 가지고 안에서 밖으로 그리고 밖에서 안으로 보는 시각차이에 따른 구분에 불과하므로 어떤 방식으로 증명해도 결과는 같기 때문이다.

이론에 대한 이해의 과정을 형상화 하기 위해서는 몇 가지 사례를 가지고 구체화 해 보는 것이 좋다.

◈ Level 2 : 양 방향 논리의 이해

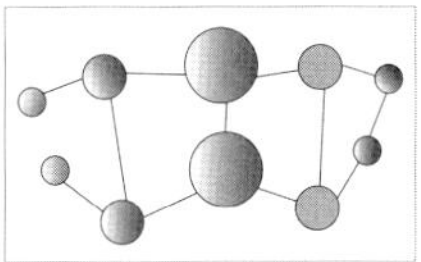

: + q의 입장에서, (역방향의 이해: 대우명제의 구체화)

① 명제 p → q가 참이 되게 하는 p의 진리집합, P의 구체적 인식

② 명제 p → q가 거짓이 되게 하는 반례,

({x | x ∈ P^C where x ∈ Q^C})의 구체적 인식

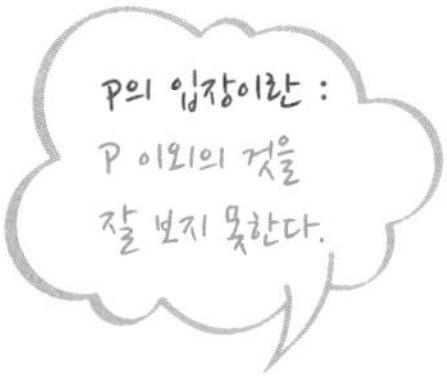
P의 입장이란 :
P 이외의 것을
잘 보지 못한다.

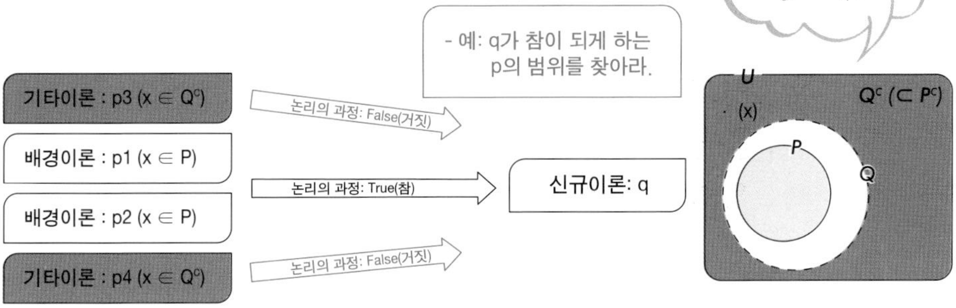
- 예: q가 참이 되게 하는
p의 범위를 찾아라.
기타이론 : p3 (x ∈ Q^c)
배경이론 : p1 (x ∈ P)
배경이론 : p2 (x ∈ P)
기타이론 : p4 (x ∈ Q^c)
논리의 과정: False(거짓)
논리의 과정: True(참)
논리의 과정: False(거짓)
신규이론: q
U
(x)
Q^c (⊂ P^c)
P
Q

⇒ 설명:

Level 1이 단방향이해에 대한 모습이라면, Level 2는 역방향 이해의 모습을 더한 양방향 이해의 모습을 담은 것이다. 즉 순방향 증명과정에 따른 원명제의 이해와 역방향 증명과정을 따른 대우명제의 이해를 모두 합한 것이라 할 수 있다.

- 비유적으로 어떤 사물을 양방향에서 보고 종합하여 묘사한다면, 보다 정확히 실체를 규명할 수 있을 것이다. 이 단계에 있는 사람에게 누군가 코끼리의 뒷모습을 묘사하면, 그것이 돼지가 아닌 코끼리일수도 있음을 예상할 수 있을 것이다.
- 순방향 이해 후, 나머지 역방향에 대한 이해는 반례를 통해서 그 내용을 구체화 해 보는 것이 좋다.
- 대우명제의 이해는 신규이론의 전체 모습, 경계를 볼 수 있게 한다.

◆ **Level 3 : 다양한 시각의 이해 (2차원 이상에서의 이해)**

: Level 2 양방향 이해논리를 기반으로 시각의 다각화를 통해

핵심 원리의 도출 및 각 변형의 이해 (q의 다양한 구성요소(성질)의 이해) 그리고

상호 연관 이론들의 연결을 입체화 : 1차원 → 2차원 → 3차원

⇒ 지식지도의 생성 및 확장

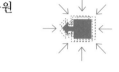

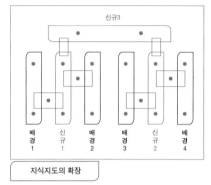

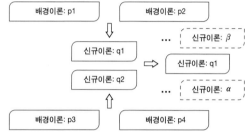

⇒ 설명:

　Level 2가 양방향 이해에 대한 모습이라면, Level 3는 옆방향들의 모습을 더한 종합적인 이해의 모습을 담은 것이라 할 수 있다. 다른 시각에서는 관련된 모든 이론들이 서로 연결된 모습이라 할 수 있다.

- 비유적으로 어떤 사물을 가능한 모든 방향에서 보고 종합하여 묘사한다면, 가장 정확히 실체를 규명할 수 있을 것이다.

- 이 단계는 신규이론 자체에 대한 이해를 넘어 이론간의 가능한 연결 고리를 찾는 것이라 할 수 있다.

2. 사고력 단계별 이해의 차이와 사고력 단계 향상과정의 모습

〈이론학습〉   〈이해의 모습〉

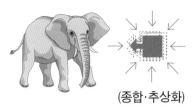

(종합·추상화)

똑같은 이야기를 들어도 받아들
이는 내용은 다 다르다.
⇒ 같은 이론을 공부해서 각자의
레벨에 따라 이해의 모습은 다 다
르다.

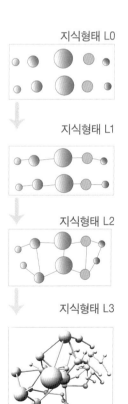

지식형태 L0

지식형태 L1

지식형태 L2

지식형태 L3

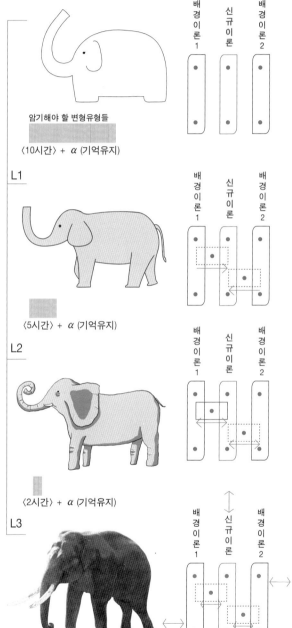

암기해야 할 변형유형들

〈10시간〉 + α (기억유지)

L1

〈5시간〉 + α (기억유지)

L2

〈2시간〉 + α (기억유지)

L3

배경이론1 신규이론 배경이론2

사고력 단계에 따른 이해의 차이

좌측의 그림은 처음 같은 이론 설명을 들었을 때, 사고력 수준별로 각자의 이해가 어떻게 다를 수 있는 지 비유를 보여주고 있다.

Level 0에 있는 사람은

깊이 있는 사고를 하지 못한다. 따라서 이론의 몇 가지 특징만을 찾아내어 단순히 외우려 한다. 즉 이론간의 상호 연관관계를 생각지 못하고 결과/공식만을 외우려 한다. 결국 비유적으로는 코끼기 코만 크게 강조된 약식 모습으로 기억할 것이다.

Level 1에 있는 사람은

어느 정도 깊이 있는 사고를 할 수 있어, 관련된 사실들을 엮어 보려고 노력한다. 따라서 이론간의 상호 연관관계는 점선으로 약하게 표현될 수 있다. 비유적으로 코끼리는 어느 정도 형태를 갖춘 약식 모습으로 기억될 것이다. 관계 화살표는 단방향…

Level 2에 있는 사람은

바람직한 수준의 깊이 있는 사고를 할 수 있어, 새로운 이론이 만들어 지는 데 있어 관련된 배경이론과의 연관관계를 80% 정도까지 파악해 낼 수 있다. 비유적으로는 코끼리가 꽤 완성형태를 갖춘 모습으로 기억될 것이다. 관계 화살표는 양방향…

Level 3에 있는 사람은

매우 깊은 수준의 깊이 있는 사고를 할 수 있어, 이론 설명을 들었을 때, 거의 완벽하게 설명의 내용을 파악할 수 있다. 이는 관련 이론들이 실선으로 연결된 이론지도를 갖추는 것을 뜻하며, 이론의 적용에 있어 전체적으로 뿐만 아니라 그리고 부분적으로도 가능할 정도로 Loosely Coupled 방식으로 연관관계를 파악해 냄을 의미한다. 비유적으로는 거의 실사에 가까운 코끼리의 모습을 기억하는 것이다.

여기서 이론 설명을 들었을 때는 사회에서는 업무에 관한 어떤 설명을 들었을 때로 바꿀 수 있다.

그런데 각자의 수준별로 위의 사실만을 심증적으로 인정하는 것만으로 끝날 수 있는 것이 아니다. 우리들 각자는 거기에 따른 이어지는 물리적 결과들 또한 순순히 받아 들여야만 한다. 그런데 서로 경쟁해서 파이를 나누어 가져야 하는 생존자의 입장에서는 그렇게 하는 것이 쉽지 않다. 따라서 나름대로의 대응책을 세우고 그것을 실행하게 되는데, 사고력 레벨이 낮을 수록 그러한 대응책 실행의 비효율이 더욱 커지게 된다.

예를 들어, 각자의 능력을 평가하기 위하여 시험을 치게 되는데, 시험은 각기 다른 대상자의 사고력 레벨을 평가할 수 있도록, 각 레벨에 맞는 난이도를 갖춘 문제들로 적절히 조합하여 구성될 것이다.

이해를 돕기 위해서, 우측의 이론지도를 가지고 이 상황을 설명해 보자.
이 지도는 신규이론이 두 개의 배경이론과 각각 1개씩의 연결선을 갖춘 간단한 경우이다. 이 지도상에서 만들어 낼 수 있는 모든 경로는
비록 간단해 보이지만,
① → ③ → ④, ① → ③ → ⑤, ① → ③ → ⑥, ④ → ③
→ ①, ⑦ → ⑥ → ③ 등
100가지를 넘게 된다.
그에 비해 두 개의 연결선 ③과 ⑥이 없는 경우라면, 역방향을 포함하여

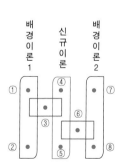

①→②, ②→①, ④→⑤, ⑤→④, ⑦→⑧, ⑧→⑦ 6가지 밖에 나오기 않는다.

단순히 비교하면, 두 경우에 대한 경로의 가지 수 차이는 90가지가 넘게 된다.

여기에서 경로의 수는 해당이론을 이용하여 만들어 낼 수 있는 모든 문제들의 총 수로 비유할 수 있다. 말하자면 연결선이 있는 지도를 가진 사람은 100문제를 풀 수 있는 것이고, 연결선이 없는 경우는 6문제밖에 풀지 못한다는 것이다.

그리고 실제 아이들의 이론 공부시간을 참고하여, Case D처럼 신규이론 하나를 단순히 암기하는데 10분이 걸리고, Case A처럼 신규이론을 배경이론들과 연관 지어 이해하는데 1시간이 걸린다고 가정해 보자. D가 A만큼의 응용능력을 가질 려면, 단순계산으로도 약 10시간이상 (10×100 = 1,000분>10시간)의 시간투자가 필요함을 알 수 있다. 즉 처음에는 시간이 더 걸리겠지만, 단순히 어떤 이론을 외운 것에 비해 관련된 이론들을 서로 연결하여 이해를 한다면, 시험/응용이란 실천적인 면을 고려할 경우, 10배 이상의 효율을 갖추게 된다는 것이다. 게다가 D는 외운 내용이 너무 많아 머리도 아프고 시간이 갈수록 보다 쉽게 잊게 될 것이므로, 우리 학생들이 어떤 방식으로 이론 공부를 해야 함은 너무도 자명하다 하겠다.

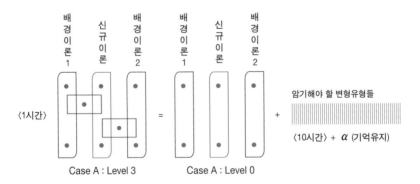

다음은 같은 맥락에서 Level 1과 Level 2의 문제해결능력 단계에 있는 상황을 묘사하였다.

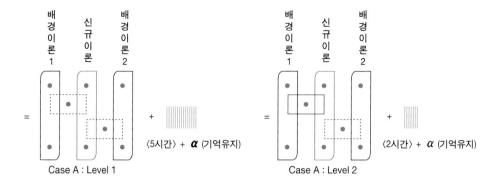

배경이론1 | 신규이론 | 배경이론2

= + 〈5시간〉 + **α** (기억유지)

Case A : Level 1

배경이론1 | 신규이론 | 배경이론2

= + 〈2시간〉 + **α** (기억유지)

Case A : Level 2

참고로 Level 1은 초등학생, Level 2는 중학생, Level 3는 고등학생에게 요구되어
지는 최고 수준이라 할 수 있다.

다만 유의할 점은 이론지도를 완벽하게 갖추었다 하더라도 모든 문제를 풀 수 있
다는 것은 아니다. 이는 지도 상의 모든 길을 알더라도 시시각각으로 변하는 도로의
상황을 정확히 반영하지 못한다면, 제 시간 내에 원하는 장소에 갈 수 없는 것과 같
은 이치이다. 즉 문제를 풀기 위해서는 장소가 되는 이론을 정확히 알아야 함은 물
론이고, 주어진 상황에 따라 적절한 솔루션을 찾고 실행하는 논리적인 사고력(문제
해결능력)을 갖추어야 함을 뜻한다.

사람들은 자신의 사고력수준에 따라 자기만의 세상의 틀을 구성하고, 그 안에서
행동한다.

- 문맥을 보지 않고 현상을 쫓는 사람이 많은 이유는

  일차적으로 문맥을 인지하려면 머리가 아프고

  이차적으로 새롭게 인식된 사실에 따라 앞으로 해야 할 일 그리고 자신의 지난
  행적을 생각해 볼 때, 무언가를 고치고 일관성 있게 실천해 나가는 것이 쉽지 않
  다는 것을 느끼기 때문이다.

  이러한 사실은 반대로 인지와 행동측면에서 문맥을 쉽게 읽고 실천할 수 있는 충
  분한 사고력을 갖춘 사람들은 적다는 것을 의미할 것이다.

문제풀이 과정을 통한 이론 이해 단계의 발전모습

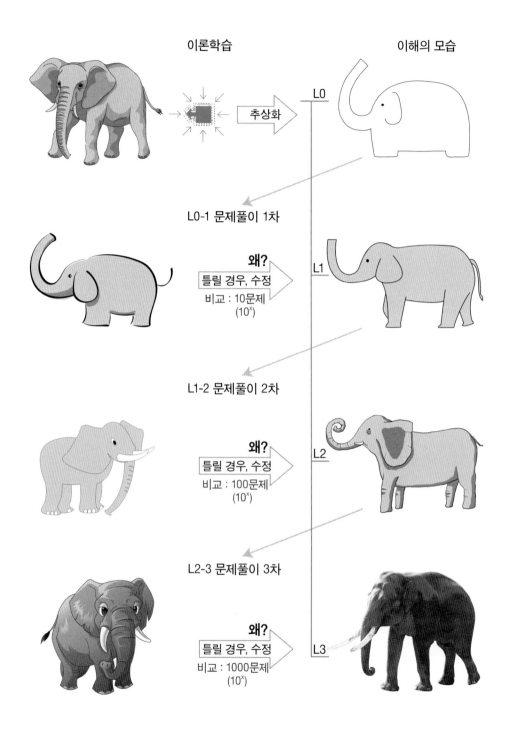

이론학습   이해의 모습

추상화   L0

L0-1 문제풀이 1차

왜?
틀릴 경우, 수정
비교 : 10문제
(10^x) L1

L1-2 문제풀이 2차

왜?
틀릴 경우, 수정
비교 : 100문제
(10^x) L2

L2-3 문제풀이 3차

왜?
틀릴 경우, 수정
비교 : 1000문제
(10^x) L3

앞서 설명한 바와 같이

아이들은 해당 단원에 대해 처음 이론공부를 마쳤을 때, 각자의 사고력 단계에 따라 대상 이론에 대한 각기 다른 수준의 이미지를 갖게 된다.

그리고 이렇게 형성된 최초의 이론에 대한 이미지를 가지고 문제풀이를 접하게 된다. 그런데 자신이 이해했던 방향과 다른 시각에서 비춰진 이론의 이미지가 문제에서 제시되면, 그것을 해당 이론과 쉽게 연결시키지 못하게 된다. 결국 주어진 내용을 구체화시키지 못하여 문제를 틀리게 될 것이다.

그런데 문제를 틀린 원인을 정확히 파악하는 과정에서 잘 모르고 있었거나 이해가 부족한 이론들을 찾아내게 된다면, 문제에서 제시된 시각에서 해당이론을 다시 점검할 기회를 갖게 될 것이다. 그리고 이 기회를 이용해 이론의 이해수준을 한 단계 더 높일 수 있게 될 것이다.

즉 단순히 유형별 문제풀이 방법을 외워서 적용하는 것이 아니라, 논리적 사고과정을 통해 문제를 풀이하고 틀린 문제에 대한 원인을 정확히 찾아낸다면, 문제풀이 과정을 통해 학생들은 자신의 이론에 대한 이해수준을 계속해서 끌어 올릴 수 있는 것이다.

정리하면, 논리적 사고과정에 의거한 문제풀이는
- 기본적으로 사고의 깊이를 더할 수 있는 논리적 사고과정에 대한 효과적인 훈련 방법이다. 게다가
- 자신이 훈련하고 있는 난이도(/사고력 레벨)에 따라 요구되어 지는 이론의 이해 정도가 부족한 이론들을 찾아낼 수 있는 좋은 방법이기도 하다.
이때 효과적인 실천을 위한 일관성 있는 논리적 사고과정의 기준이 되는 도구가, 바로 표준문제해결과정인 것이다.

※ 사고력단계에 따른 기본 공부 자세 및 이론에 대한 이해수준

사고력 Level 0 - 1 단계

1) 기본 행동 자세

주로 앞만 보고 간다. 목표 지점에 가는 것 외에 다른 것은 별로 관심 없다.

현재 상황패턴을 인식하기 위한 정도로 주위를 돌아 본다.

충분한 근육이 없어 돌아다니는 것을 힘들어 한다.

- 깊이 있게 사고를 하는 것을 힘들어 한다.

- 남의 입장을 생각하여 그에 대한 배려를 하기 힘들다.

2) 수학 공부 자세

문제풀이 공부는 패턴 별로 문제풀이방법을 익히려(외우려)한다. 그래서 문제풀이 방법은 문제패턴을 인식하고 문제해결방법을 기억해내려 한다. 이렇게 단순사고방식에 익숙해 있기 때문에 집중을 하여 깊이 있는 사고를 하는 것을 골치하프게 생각하며 꺼린다.

3) 내용에 대한 인식 수준

같은 내용을 들었을 때, 단 방향 이해만을 시도하며, 코끼리 코 등 특징적인 것만을 기억한다.

사고력 Level 1 - 2 단계

1) 기본 행동 자세

길의 연결을 통한 지도생성에 관심을 갖기 시작한다. 그래서 좀더 주위를 관심 있게 돌아본다. 일정수준의 근육이 생성됨에 따라 좀더 돌아다니는 것이 덜 힘들게 된다.

- 어느 정도의 깊이 있는 사고를 할 수 있고, 남의 입장을 생각하기 시작한다.

2) 수학 공부 자세

이론간의 연결을 시도한다. 부분적인 이론지도의 모습을 갖춘다. 문제풀이과정을 통한 다양한 시각에서의 이론의 완성도를 높여 나간다. 집중력을 발휘하는데 있어 주변 환경의 영향을 받는다. 공부 잘되는 곳을 찾아 다닌다.

3) 내용에 대한 인식 수준

같은 내용을 들었을 때, 양 방향 이해를 시도하고, 점차 코끼리의 대략적인 윤곽을 그려낼 수 있다.

사고력 Level 2 - 3 단계

1) 기본 행동 자세

처음부터 지도를 만들 작정으로 주위를 관심 있게 둘러본다. 이미 온 김에 약간의 시간을 더 투자하여 일부러 돌아가 보기도 한다.

 - 새로운 길을 가는 것을 두려워하지 않고, 오히려 즐긴다.

 전체 입장을 고려하여, 각 상황에 맞는 최선의 선택을 생각한다.

2) 수학 공부 자세

이론간의 연결을 통해 통합지도를 완성하려 한다. 이론의 이해과정이 문제풀이의 사고과정이 같음을 인식한다. 필요시 집중할 수 있으며, 그에 따라 깊이 있는 사고에 자유롭다.

3) 내용에 대한 인식 수준

같은 내용을 들었을 때, 다 방향 이해를 시도하고, 실제에 가까운 코끼리의 모습을 그려낼 수 있다.

3. 이론 학습과정

❶ 표준이론학습과정: 효과적인 이론의 이해를 위한 4Step 사고에 기반한 사고의 과정

표준이론학습과정 : 이론의 연결

새로운 이론도 외우는 것이 아니고 논리적으로 이해할 수 있어야 한다.

- 표준이론학습절차를 기준으로 이론에 대한 자기주도학습 능력향상

1) 내용의 형상화 : 용어의 정의 및 조건 그리고 결론에 대한 명확한 이해

먼저 새로운 이론의 내용을 읽고, 그 내용을 상상해 본다.

- 명제 p → q의 관계에서 가정과 결론을 구분한다.

- 가정으로부터 주어진 조건들을 찾아낸다.

  → 용어의 정의 자체에 함축되어 있는 숨겨진 조건들을 파악한다.

- 남에게 설명할 수 없는 부분을 모두 체크한다.

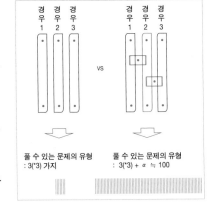

2) 목표의 이해 (구체화)

- 신규이론의 구체적인 내용을 몇 가지 케이스를 가지고 형상화해 본다.

- 목표에 도달하기 위하여 구체적으로 필요한 것이 무엇인지 파악한다.

- 남에게 설명할 수 없는 부분을 모두 체크한다.

3) 솔루션(길) 찾기 - 이론의 연결 : 도출과정 및 모르는 부분 찾기

- 목표를 기준으로 하여, 주어진 조건들을 실마리로 하여 관련된 배경이론을 찾아내고, 신규이론을 도출하는 전체 논리적인 과정을 찾아낸다.

  → 이 과정을 통해 자연스럽게 관련 이론의 연결이 이루어진다.

- 남에게 설명할 수 없는 부분을 모두 체크한다.

4) 계획 및 실행

- 체크된 부분을 기준으로, 우선 용어의 정의 및 관련 배경이론에 대한 이전 설명을 다시 살펴보고, 본인의 이해도를 보완한다.

- 스스로 이해가 잘 안 되는 부분에 대해 선생님의 설명을 듣는다.

- **특히, 이론들의 상호 연결관계를 이해하여 자신의 지식지도를 확장해 나갈 수 있어야 한다.**

※ 남에게 설명이 안 되는 부분을 체크하는 이유 : 안다고 생각하는 것의 차이

C단계 : 다른 사람이 설명해 줄 때, 그제서야 생각이 나는 경우

　　　　→ 이렇게 아는 것은 평소에 써 먹을 수가 없다.

B단계 : 해당 내용을 외워서 기억을 하기는 하나 다른 사람에게 설명할 수 없는 경우

　　　　→ 이렇게 아는 것은 똑같이 내용이 반복될 경우를 제외하면 조금만 변형이 되어도 써 먹을 수가 없게 된다.

A단계 : 해당 내용을 상대방의 입장에서 다른 사람에게 설명해 줄 수 있는 경우

　　　　→ 관련 이론들에 대한 연결 지도를 알고 있기 때문에 별도의 장애상황이 발생하지 않는 한, 대부분의 변형문제들을 해결할 수 있다.

이론학습의 주 목적은 일차적으로는 이론의 연결을 통한 지식지도 형성이라 할 수 있지만, 이면에는 그 과정을 통해 이론에 대한 자기주도학습능력을 키우는 것이

보다 중요하다 하겠다. 그래야만 스스로 자신의 관심분야를 깊이 있게 개척해 나갈 수 있기 때문이다. 그리고 하나의 이론의 이해 과정은 신규이론 자체를 목표로 한 문제해결과정과 같다고 할 수 있다. 즉 직접적인 이론의 이해훈련 뿐만 아니라, 논리적인 문제해결과정의 훈련을 통해서 이론의 이해능력을 키워 나갈 수 있다.

❷ 효과적인 이론학습 훈련과정

1) **자기주도 이론학습과정** : 현재의 사고력에 기반한 이론의 이해수준 점검

표준이론학습과정에 준하여 각 단원 별로 스스로 읽고 4Step 사고에 기반하여 이해를 시도한 후, 설명이 안 되는 부분을 체크한다.

→ 이론의 이해과정은 정해진 상황과 배경이론들을 조건으로 하여 문제를 풀어 가는 과정과 같다.

→ 자신만의 초기 이론지도의 생성 : 사고력 수준에 따라 내용이 깊이와 정확도 가 달라진다.

2) **수업 과정** : 질문 및 클리닉

체크된 내용을 중심으로 하여 질문하고 설명을 듣는다.

→ 의심 가는 부분 및 잘못된 부분에 대한 WHY 중심의 점검 및 클리닉

3) **매듭 과정** : 학습 내용의 정리 및 초기 이론지도 형성

클리닉 받은 부분에 대해 다시 한번 공부하고 스스로 설명해 본다.

→ 자신의 초기 이론지도의 보완을 통한 이론 지도 베이스라인의 형성

이렇게 형성된 각자의 이론지도의 베이스라인은 사고력 수준에 따라 서로 다른, 아직은 완전하지 않은 모습을 가지게 될 것이다. 그런데 문제풀이과정은 논리적인

사고과정의 훈련이면서 동시에 초기이론지도를 보완 및 확장해 나갈 수 있는 기회를 제공해 준다. 왜냐하면 문제풀이를 할 경우 목표지점으로 갈 수 있는 길을 모색하기 위해, 주어진 조건들에 연관된 각 길(이론)의 곁가지들을 탐색하게 되는데, 이때 가능한 상호 연결을 시도하게 되기 때문이다. 즉 이러한 과정을 통해 자연스럽게 초기이론지도는 새로운 연결 및 막힌 길의 정리/정돈 등을 하면서 점차 완성도를 높여가게 될 것이다.

4) **변화관리** : 문제풀이 과정을 통한 이론 내용의 반복적인 적용훈련
  문제풀이 클리닉을 통한 이론지도의 보완 및 확장
  → 암기한 풀이 패턴의 적용이 아닌, 논리적인 사고 과정에 따라 문제를 풀어라. 그리고 틀린 이유를 찾아라.
  → 틀린 원인에 따라 나타난, 자신의 이해가 부족한 이론을 인식하고 해당 이론을 다시 공부한다. 그리고 자신의 이론지도에 잘못된 부분 수정 및 새로운 부분을 추가한다.

최고의 자유형 수영영법을 배우고 이해했다고 해서 그 다음날부터 바로 수영을 할 수 있는 것은 아니다. 비록 해당 이론의 내용 측면인 영법은 배웠지만, 그것도 주가 되는 동작들에 관한 것일 뿐, 모든 경우에 대한 세부동작을 알고 있는 것은 아니기 때문이다. 또한 실행측면에서 아직은 해당 동작을 수행할 힘도 없고 감각도 없다. 즉 요구되어지는 수준의 수영을 잘 할 수 있기 위해서는 그에 따른 실질적인 몸의 변화가 뒤따라야만 한다. 즉 꾸준한 훈련을 통해 필요한 관련 근육들이 생겼을 때 비로서 해당 영법을 소화해 낼 수 있는 힘과 감각이 갖춰지는 것이다.

※ 이론을 가장 오래 기억하려면,

1. 최대한 엮어라.

   ⇒ 이론지도 만들기, 관련 있는 것과 연상하기.

2. 잘 잊혀지지 않게 임팩트를 만들어라.

   - 어려운 문제에 대해 오랜 시간을 투자하는 것을 아까워하지 말라.

   ⇒ 고생해라. 항상 노력 만큼의 값어치가 있다.

3. 잊기 전에 반복하라.

   ⇒ 잊기 전에 반복하면, 복습시간도 짧아지고 기억의 기간은 배로 늘어난다.

      한 두 번의 반복을 신경써서 수행하고 나면, 나머지 반복은 시험을 통해

      저절로 이루어진다.

효과적인 이론학습:

새로운 이론도 외우는 것이 아니고 논리적으로 이해할 수 있도록 해야 한다.

- 표준이론학습과정을 기준으로 이론에 대한 자기주도학습 능력향상

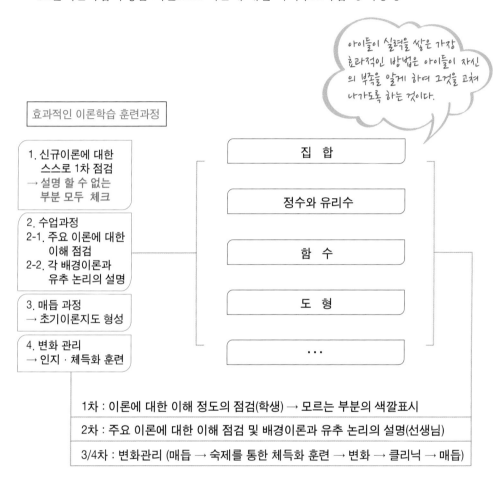

아이들이 실력을 쌓은 가장 효과적인 방법은 아이들이 자신의 부족을 알게 하여 그것을 고쳐 나가도록 하는 것이다.

효과적인 이론학습 훈련과정

1. 신규이론에 대한 스스로 1차 점검
→ 설명 할 수 없는 부분 모두 체크

2. 수업과정
2-1. 주요 이론에 대한 이해 점검
2-2. 각 배경이론과 유추 논리의 설명

3. 매듭 과정
→ 초기이론지도 형성

4. 변화 관리
→ 인지 · 체득화 훈련

집 합

정수와 유리수

함 수

도 형

· · ·

1차 : 이론에 대한 이해 정도의 점검(학생) → 모르는 부분의 색깔표시

2차 : 주요 이론에 대한 이해 점검 및 배경이론과 유추 논리의 설명(선생님)

3/4차 : 변화관리 (매듭 → 숙제를 통한 체득화 훈련 → 변화 → 클리닉 → 매듭)

※ 이론수업에서의 선생님의 역할

- 일관성 훈련을 위하여 표준이론학습과정을 기준으로 아이들이 어려워 하는 부분을 찾아낸다.

- 왜 그러한 어려움이 야기되었는지 그 원인을 파악한다. 대표적인 원인으로는

→ 주어진 조건들과 연관된 배경이론을 찾지 못한다.

→ 용어의 정의 자체에 함축되어 있는 조건들을 이용하지 않는다.

→ 논리적으로 유추하려 하지 않고 그냥 외우려 든다.

- 파악된 원인에 대해, 아이들이 스스로 인지하도록 하고, 재발방지를 위해 어떤 변화가 필요한 지 깨닫도록 한다.

- 효과적인 변화의 방법을 가이드하여, 아이들이 훈련을 통해 변화를 체득화 할 수 있도록 한다.

※ 사고력단계에 따른 아이들의 기본 성향에 대한 이해 및 바람직한 훈련 방향

사고력 Level 0 - 1 단계

1) 기본 행동 자세

주로 앞만 보고 간다. 목표 지점에 가는 것 외에 다른 것은 별로 관심 없다.

현재 상황패턴을 인식하기 위한 정도로 주위를 돌아 본다.

충분한 근육이 없어 돌아다니는 것을 힘들어 한다.

- 깊이 있게 사고를 하는 것을 힘들어 한다.

- 남의 입장을 생각하여, 그에 대한 배려를 하기 힘들다.

문제가 생기면, 원인을 파악해서 재발을 막을 생각을 하진 않고, 단지 문제를 없애려고만 한다. 그리고 잘 안되면, 원인을 찾을 엄두는 안 남으로 주변 환경 탓을 하거나 재수가 없다고 한다.

2) 수학 공부 자세

문제풀이 공부는 패턴 별로 문제풀이방법을 익히려(외우려)한다.

그래서 문제풀이 방법은 문제패턴을 인식하고 문제해결방법을 기억해내려 한다.

이렇게 단순사고방식에 익숙해 있기 때문에,

집중을 하여 깊이 있는 사고를 하는 것을 골치아프게 생각하며 꺼린다.

틀린 문제에 대한 클리닉은 단지 풀이방법을 설명 듣고 그 방법을 외우려고 한다.

→ 단지 문제풀이방법을 외우는 것이 아니라, 전체 사고과정 중에서 틀린 이유를 찾아 고치도록 해야 한다. 즉 점차 그러한 공부습관이 들도록 단계적으로 훈련 시켜 나가야 한다.

보통 기존의 잘못된 공부습관에서 탈피하여, 새로운 공부습관을 어느 정도 몸에 베이게하는 데는 아이들의 실천의지에 따라 최소 3개월에서 2년 이상 걸리기도 한다.

3) 내용(/수학 이론)에 대한 인식 수준

같은 내용을 들었을,

단 방향 이해만을 시도하며, 코끼리 코 등 특징적인 것만을 기억한다.

→ 이론학습 시 왜? 라는 생각을 끄집어 내어,

질문과 대답을 통해 자연스럽게 배경이론과 신규이론이 연결되도록 해야 한다.

▶ **누구나 훈련을 통해 근육을 만들 수 있다. 왜냐하면 근육이란 순전히 땀의 대가로 만들어 지는 것이기 때문이다.** 그러나 근육이 만들어 지기 까지는 일정 기간 동안 땀 흘릴 정도의 꾸준한 노력이 필요한데, 그 기간 동안 힘든 것을 참고 이겨내는 것이 성취 경험이 없는 아이들에게는 아주 힘든 일이 될 것이다. 대개 이 단계에 있는 아이들은 의지가 약하여, 처음 몇 번 노력해 보고는 바로 결과를 원한다. 그리고 기대한 결과가 나오지 않는다면, "나는 수학에 소질이 없나 봐"하고 쉽게 포기해 버리는 경향이 많다. 즉 스스로에게서 힘든 것을 그만두려는 나름의 이유를 찾는 것이다.

따라서 이렇게 의지가 약하거나 목표의식이 없는 아이들에게는 체계적인 도움이 필요하다. 우선 단계 성취에 대한 목표를 부여하고, 그에 대한 적절한 동기부여를 통해 기본적인 실천의지를 갖추게 하는 것이 필요하다. (그래야 선생님의 설명에 집중하기 때문이다.) 그리고 일정한 성취감을 맛볼 때까지 위에 제시된 훈련 방향을 가지고 일관성 있는 교육을 하는 것이 뒤따라야 할 것이다. 그래야 자신도 할 수 있다는 성취감과 더불어, 그 기간 동안 실천을 위한 기본 근육이 만들어 지기 때문이다. 이 변화 기간이 처음 겪는 아이들에게는 분명 가장 힘든 시간이 될 것이다.

이 단계에 있는 아이들에게 훈련시켜야 할 내용의 주된 방향은 우선 논리적인 사고과정이 무엇인지를 인식시키는 것이다. 그것을 위한 기준으로 표준문제해결과정을 익히게 한 후, 4Step 사고-One Cycle에 해당하는 Level 1 사고과정이 몸에 베어 자유롭게 이루어 지도록 하는 것이다.

사실 이 단계에 교육을 받는 대부분의 학생들이 몰려 있다. 즉 교육의 주 대상 층이 되는 것이다. 그리고 이 때의 교육 방법이 아이들의 첫 번째 공부습관을 결정짓게 되므로, 아주 중요한 시기라 하겠다. 그런데 많은 학원과 학교에서 경제적인 타당성과 학생들의 수 그리고 실행의 어려움/선생님의 의지 등 나름의 이유를 가지고, 암기식 이론 공부 및 유형별 문제풀이 방법을 학습시키고 있는 실정이다. 그것이 시험이 쉬울 때는 단기간의 성과를 기대할 수 있을 뿐만 아니라, 일단은 가르치기 쉽고 아이들이 따라 하기도 쉬운 방법이기 때문이다. 그렇지만 문제는 이러한 교육방법이 아이들에게 나쁜 공부습관을 들이게 된다는 데 있다. 쉬운 데에는 그 만한 이유가 있는 것이다. 즉 사고방식의 변화가 필요한 아이들에게 그냥 원래 하던 대로 생각하라고 맞춰 주는 꼴이기 때문이다.

사고력 Level 1 - 2 단계
1) 기본 행동 자세
길의 연결을 통한 지도생성에 관심을 갖기 시작한다. 그래서 좀더 주위를 관심 있게 돌아본다.

일정수준의 근육이 생성됨에 따라 좀더 돌아다니는 것이 덜 힘들게 된다.

- 어느 정도의 깊이 있는 사고를 할 수 있고, 남의 입장을 생각하기 시작한다.

2) 수학 공부 자세

이론간의 연결을 시도한다. 부분적인 이론지도의 모습을 갖춘다.

문제풀이과정을 통한 다양한 시각에서의 이론의 완성도를 높여 나간다.

집중력을 발휘하는데 있어 주변 환경의 영향을 받는다.

공부 잘되는 곳을 찾아 다닌다.

→ 문제풀이 시 논리적인 사고과정이 패턴에 앞서 자유롭게 적용될 수 있도록 체 득해야 한다. 그리고 문제 클리닉 과정을 통해 틀린 이유가 무엇인지 구체적으로 찾아 낼 수 있어야 한다.

→ 수학공부를 통해 개선된 사고방식이 일반 행동 자세에 반영이 되려면, 충분한 사고의 근육이 쌓여야 한다.

3) 내용에 대한 인식 수준

같은 내용을 들었을 때, 양 방향 이해를 시도하고, 점차 코끼리의 대략적인 윤곽을 그려낼 수 있다.

→ 처음 이론을 접했을 때 먼저 설명을 한다는 입장에서 이론의 내용을 꼼꼼히 읽 어 본다. 이때 알고 있는 것을 넘어서 설명이 안 되는 부분을 찾아내어 수업시간 을 통해 또는 스스로 그 이유를 찾아 낼 수 있어야 한다.

▶ 이 단계에 올라선 아이들은 앞 단계를 통과했던 노력을 통해 이미 기본 근육을 갖추었고, 일정한 성취감도 맛보았기 때문에, 지속적인 훈련을 하기가 훨씬 수월해 진다. 그렇지만 아직 맛본 수준이기 때문에 관련 근육을 충분히 쌓고 필요한 감각을

익히는 것이 무엇보다 중요하다. 그것만이 그 다음 단계로의 도약을 가능하게 해 줄 것이기 때문이다.

이 단계에게 훈련시켜야 할 내용의 주된 방향은 2단계의 사고 깊이까지 논리적인 사고를 자유롭게 전개할 수 있도록, Level 1 기초 근육을 충분히 다지고, 점차적으로 Level 2 근육을 만들어 가는 것이다. 그것을 위해서는 표준문제해결과정 4Step 사고-Two Cycle에 해당하는 Level 2 사고과정을 인지하여야 하고, 그러한 사고의 깊이를 요구하는 난이도를 가진 문제 풀이를 통해 필요한 사고근육이 충분히 만들어 지도록 해야 한다.

사고력 Level 2 - 3 단계
1) 기본 행동 자세
처음부터 지도를 만들 작정으로 주위를 관심 있게 둘러본다.
이미 온 김에 약간의 시간을 더 투자하여 일부러 돌아가 보기도 한다.
- 새로운 길을 가는 것을 두려워하지 않고, 오히려 즐긴다.
전체 입장을 고려하여, 각 상황에 맞는 최선의 선택을 생각한다.

2) 수학 공부 자세
이론간의 연결을 통해 통합지도를 완성하려 한다.
이론의 이해과정이 문제풀이의 사고과정과 같음을 인식한다.
필요시 집중할 수 있으며, 그에 따라 깊이 있는 사고에 자유롭다.
→ 문제풀이를 위한 논리적인 사고과정이 긴장상황에서 조차도 자유롭게 적용될 수 있도록 체득되어야 한다. 그리고 문제 클리닉 과정을 통해, 스스로 틀린 이유가 무엇인지 정확히 찾아 내고, 요구되어 지는 부분을 고칠 수 있어야 한다.

3) 내용에 대한 인식 수준

같은 내용을 들었을 때, 다 방향 이해를 시도하고, 실제에 가까운 코끼리의 모습을 그려낼 수 있다.

→ 혼자서 이론공부를 마친 후, 바로 난이도 2-3단계의 문제를 풀어본다.
  이론에 대한 자신의 이해정도 및 표준문제해결과정의 체득수준을 점검할 수 있다.

▶ 이 단계에 올라선 아이들은 앞 단계를 통과했던 노력을 통해, 나름의 이론지도를 갖춘다면 이미 스스로 문제를 풀어 갈 수 있는 기본사고능력을 충분히 갖추었다고 본다. 이제 남은 것은 문제해결과정에 대한 속도/감각을 키우면서, 누군가의 도움 없이도 스스로 이론지도를 완성해 나갈 수 있는 능력을 갖추어야 한다. 즉 스스로 지속적인 발전을 해 나갈 수 있는 수준으로 올라서는 것이다.

이 단계에 있는 아이들에게 훈련시켜야 할 내용의 주된 방향은 3단계의 사고 깊이 까지 논리적인 사고를 자유롭게 전개할 수 있도록, Level 1/2 기본 근육을 충분히 다 지고, 점차적으로 Level 3 근육을 만들어 가는 것이다. 그것을 위해 표준문제해결과 정 4 Step 사고-Three Cycle 에 해당하는 Level 3 사고과정을 인지하고, 그러한 사고 의 깊이를 요구하는 최상 난이도를 가진 문제 풀이를 통해 필요한 사고근육을 만들 어 가야 한다.

02

중등수학이론

우리가 공부하고 있는 수학은 어떤 것인가?

Part 1 : 수(數) 와 대수(代數)

Part 2 : 함수(函數)

Part 3 : 도형(圖形)

Part 4 : 확률(確率)과 통계(統計)

우리가
공부하고 있는 수학은 어떤 것인가?

세부 이론학습과정에 들어 가기에 앞서,

이 책의 효과를 극대화하기 위하여, 이론의 내용을 읽어 나갈 때 주의할 점을 집어 보도록 하겠다.

각 이론이 제시하고 있는 내용의 습득이 이론공부의 주된 방향이 아님을 상기하자. **이론 공부의 주된 방향**은 가정에서 결론을 이끌어 내는 논리적인 사고과정의 훈련이다. 그리고 그러한 훈련과정을 통해 자연스럽게 부분을 엮어 큰 그림을 그려낼 수 있는 **이론지도 제작능력**을 키우고, 부차적인 이론지도도 얻는 것이다. 그리고 이렇게 이론지도를 완성할 수 있어야만, 이론의 개념과 원리를 정확히 이해했다고 할 수 있는 것이다. 그런데 정작 이러한 이론지도 자체는 학생시절의 훈련과정이 끝나고 나면, 대부분은 사회생활을 할 때는 써먹지 않게 된다. 반면에 논리적인 사고능력과 이론지도 제작능력은 사회 생활에서 각자의 역할을 결정하게 할 중요한 척도가 된다. 주어진 상황에서 올바른 판단을 할 수 있는 능력을 갖춘 사람은 리더가 될 것이고, 그렇지 못한 사람은 리더가 시키는 일을 할 수 밖에 없는 단순 노무자가 될 것이다.

시험만을 목적으로 피상적으로 생각하여, 단순히 이론공식을 외우고 각종 변형 상황에 따른 적용방법들을 기계적으로 익힌다면, 정작 필요한 논리적인 사고능력과 지식지도 제작능력은 키워지지 않을 것이다. 또한 이론의 형태적인 면들만 기억하게 될 뿐, 이론의 개념과 원리를 익히는 것은 요원하게 된다.

따라서 각 이론 과정을 읽어 나갈 때, 이론의 결론 현상자체에 초점을 맞추지 말고, 가정에서 결론을 이끌어 내는 논리적인 사고과정에 초점을 맞추어 전개 과정의 흐름을 이해하려고 노력해야 한다. 왜냐하면 이론은 내용 자체의 중요성보다는 논리적인 사고과정을 훈련하기 위한 소재로서의 역할이 더욱 크기 때문이다.

이 책의 이론학습과정은 이러한 근본적인 훈련 목적을 달성하기 위하여,
각 4Step 단계별로 그때까지 밝혀진 내용들을 실마리로 하여 목표로 가는 경로를 찾는 논리적인 사고과정(/접근방법)에 초점이 맞추어 쓰여 졌다. 그래서 때로는 결과적으로 단순한 것으로 보이는 것에도 그러한 사고과정을 설명하려다 보니, 다소 복잡하게 느껴지는 부분도 있을 것이다. 처음에는 어렵게 느껴지는 것도 반복하면 점점 쉬워지는 것이 이 세상의 이치이다. 올바른 방향을 갖추고 꾸준한 노력을 통해 학생들이 각자의 효과적인 이론공부 습관을 갖추어 가는데, 이 책이 좋은 길잡이가 되기를 바랍니다.

수학공부는 "생각의 과정에 대한 훈련"이다.

이론학습이란,
방법적인 측면에서는
이론의 가정으로부터 결론을 이끌어내어 가는
논리적인 사고과정에 대한 훈련이고,

결과적인 측면에서는

본격적인 문제해결 훈련의 장이 될 대상 이론 지역들에 대한 **효과적인 이론지도의 생성 및 확장**이라 할 수 있다.

■ 접근시각에 따른 수학 분야에 대한 이해 : 기하학/해석학/대수학

각각의 수학 학문 분야에 대한 이해를 통해 큰 그림을 그려보고, 각 분야의 세부 내용에 해당되는 개별 수학 이론들을 이해하는 것은 방향성과 방법적인 측면에서 수학이론에 대한 아이들의 실전 공부를 훨씬 수월하게 해 줄 것이다. 아래의 내용은 이러한 목적으로 각 분야에 대한 전문적인 정의 보다는 아이들의 이해를 돕기 위한 측면에서 개괄적으로 기술되어 졌다.

다음의 상상을 해 보자.

한 사물을 접했을 때, 그것을 보다 정확히 이해하려 한다면, 우리는 과연 어떤 조사/공부를 해야 할까?

우선, 사물의 외형을 분석하고, 그것이 가지는 특정들을 정리할 것이다.

그리고 난 후

두 번째로는 사물을 구성하는 재료들을 분석하고, 그것이 어떤 조합을 통해 만들어 졌는지 알려고 할 것이다. 즉 사물의 내적 요소 및 그들이 가지는 특징들을 정리할 것이다.

마지막으로 현명한 사람은 별도의 시간을 들여 이번 경험을 통해 얻은 유용한 부분들에 대해 일반화 및 추상화 작업을 거쳐, 다음 기회에 재사용될 수 있도록 정리할 것이다. 누군가가 이러한 방식으로 새로운 것을 접하고 행동해 나간다면, 그는 분명 현명한 사람일 것이다.

다음의 수학의 대표적인 세가지 분야는 이러한 접근방식을 각기 내포하고 있다고

할 수 있다.

- 기하학 : 대상의 분석을 위한 외적 모습 및 성질에 대한 연구
  → 예: 도형
- 해석학 : 대상을 만들기 위해 필요한 내적 요소 및 성질에 대한 연구
  → 예: 함수/미적분
- 대수학 : 대상(구성요소)들 간의 관계에 대한 추상적 표현 및 성질에 대한 연구
  → 예: 방정식

그런데 각 분야의 접근방식은 시각에 따른 각기 나름의 장단점을 자연스럽게 가지게 된다. 따라서 효과적인 발전을 위해서는 상호 보완이 반드시 요구되어 진다. 이에 수학분야의 발전방향 또한 그러한 수요를 반영하면서 나아가고 있는 것이다. 마치 사람이 다양성을 흡수하면서 발전해 나가는 것처럼…

이러한 측면에서 보더라도, 수학공부가 단지 시험을 보기 위한 수단으로만 이용되어서는 안 된다.

올바른 수학공부를 통해 학생들은, 성인이 되어 어떤 새로운 사물/상황을 접했을 때, 당황하지 않고 다양한 시각을 통합하여 그것을 정확히 분석해 냄으로써, 올바른 선택과 행동을 할 수 있도록 하는 간접적인 경험 및 세부 노하우를 얻을 수 있어야 할 것이다. 물론 이러한 노하우는 이론 자체의 내용보다는 접근방법에 더 관련되어져 있다 하겠다.

우리 선생님들은 그러한 공부의 방향성에 대해 아이들이 점차 주지해 나갈 수 있도록 지속적으로 관심을 갖고 격려해야 할 것이다. 많은 아이들은 수학공부를 왜 해야 하는지 방향성을 갖고 있지 못한다. 그저 부모님이 시키니까 그리고 남들보다 잘한다는 증명이 될, 시험을 단지 잘 보기 위해서 맹목적으로 하고 있는 것이다. 그래서 수학공부가 점점 지겹고 재미가 없어지는 것이다. 그러나 앞에서 설명한 인식과

방향성을 가지고 수학의 이론공부를 해나가며, 관련 문제풀이를 통해 논리적인 사고과정을 꾸준히 향상시켜 나간다면, 우리 아이들은 지금의 공부가 나중에 어떻게 도움이 되는지 인지할 수 있게 될 것이며, 공부를 해 나갈수록 스스로 똑똑해져 감을 느끼게 될 것이다. 정리하면 수학공부에 대한 올바른 인식과 습관은 수학공부에 대한 동기부여 뿐만 아니라 수학공부 자체를 덜 힘들게 할 것이다.

개체 관점에서의 현상 및 변화과정	의미적 관점에서의 다양한 시간에 따른 미시적 관계 연구			개체 관점에서의 가시적 관계 연구
집합과 논리	기 하 학 (외향적 관계)	대 수 학 (관계의 임의적 표현)	해 석 학 (/내재적 관계)	확률과 통계

집합과 논리

각 주제 이론의 증명 전개과정에서 자연스럽게 4Step 사고에 의한 논리적 사고방식이 스며들도록…

기 하 학 (외향적 관계)

1. 삼각형의 합동조건에 대한 이해 [6]
2. 닮음에 대한 이해 [7]
3. 이등변삼각형에 관한 정리 증명 과정을 통한 문제해결을 위한 접근 방식의 이해 [8]
4. 삼각형의 내심/외심/무게중심 [1]
5. 삼각형의 확장정리 증명과정을 통한, 난이도에 따른 문제해결과정의 이해
   - 직각삼각형의 수선 정리
   - 피타고라스 정리
   - 각의 이등분선 정리 [2]
6. 원의 성질 [1]

대 수 학 (관계의 임의적 표현)

1. 소인수분해와 약수의 개수 - 수는 어떻게 구성되어져 있는가 [1]
2. 수의 의미 및 분류체계에 대한 이해 - 정수란 무엇인가 [2]
3. 참값/측정값/오차의 한계/유효숫자의 의미 그리고 연산 생활에서 우리가 실제로 다루는 수은? [3]
4. 문자식에 대한 해를 구하기 - 문자에 대한 두려움을 없애라 [4]
5. 부정방정식 풀이를 위한 접근 방법 [4]

해 석 학 (/내재적 관계)

1. 함수에 대한 이해 - 올바른 관계 그리고 관점에 대한 이해 [5]
2. 그래프에 대한 이해 - 관계를 그림으로 형상화하라 [3]
3. 일차함수의 이해 [4]
4. 이차함수의 이해 [2]
5. 함수의 평행이동/대칭이동의 이해 : 관점의 차이에 대한 이해 [3]

확률과 통계

1. 경우의 수 [5]
2. 도수분포표의 이해 [5]

범례:
: 1학년
: 2학년
: 3학년

영 역 과 정

고등수학 이론 체계 및 학습 순서도

개체 관점에서의 거시적 관계 연구

확률과 통계 [7]

〈확률〉
1. 경우의 수를 구하기 위한 일반적인 접근 방법
   - 전체사건과 구성방법
2. 순열과 조합
   → nCr의 변형모습들
3. 부분집합의 개수/함수의 개수
4. 종복순열과 종복조합의 이해
5. 경우의 수와 확률 그리고 통계의 관계

〈통계〉 [4]
1. 통계의 목적/성격
2. 도수분포표의 이해
3. 이항분포의 이해
4. 정규분포의 이해
5. 표본평균의 분포에 대한 이해 : 형상화
   - 모집단 분포/표본평균군의 분포
   - 표준정규분포에 대한 차이의 이해
6. 표본비율의 분포에 대한 이해

의미적 관점에서의 다양한 시각에 따른 미시적 관계 연구

해 석 학 (내재적 관계)

〈함수의 개념 : 확장〉 [3]
1. 함수의 의미
2. 합성함수의 이해
3. 역함수의 이해

〈함수와 그래프 : 확장〉 [4]
1. 기하와 함수의 접목 : 좌표와 그래프의 이해
2. 그래프의 변화에 대한 함수해석
   - 평행이동/대칭이동(주기변환)
   역수취하기/...
   - 좌표축의 변경 : 관점의 차이에 대한 이해

〈함수의 종류〉 [1]
1. 다항함수/유리함수/무리함수의 이해
   - 수의 세계와 식의 세계 비교
2. 지수함수의 이해
   - 그래프의 이해
   - 차역이 유리수일 때 정의역이 될 수 있는 것
   - 차역이 무리수일 때 이해
3. 로그함수의 이해
   - 그래프의 이해
   - 지수함수와의 관계 → 차역이 정수일 때 정의역이 될 수 있는 것
   - 지표와 가수의 이해 → 유효숫자가 표기물과 관계
4. 삼각함수의 이해
   - 라디안의 이해 → 기울기를 표현하는 방법의 차이
   - 순환계가 있을 수 있는 반수 및 배각 정리의 기하학적 표현
   - 사인정리의 기하학적 일반화
   - 코사인 제2법칙 : 피타고라스정리의 일반화

대 수 학 (관계의 임의적 표현)

  [5]
1. 수의 의미 및 분류체계에 대한 이해(복습)
2. 비례식의 성질 : 가비의 리 정리의 이해

  [6]
3. 이차방정식 근의 공식과 인수분해
   → 하근의 함성화
4. 고차방정식의 인수분해 와의 관계
5. 방정식 풀이와 함수그래프 와의 관계
6. 부등식 풀이와 함수그래프 와의 관계
7. 다원 고차부등식 부등식 풀이를 위한 표준절차
8. 부정방정식 풀이를 위한 접근방법
9. 산술/기하/조화평균에 대한 기하학적 이해

〈다차원/집단개체로의 확장〉 [3]
1. 행렬
   - 의미 : 다차원 확장 및 표 일괄계산
   - 연산규칙 그리고 일반연산과의 상이점
   - 케일리/해밀턴 정리의 의미
   - 역행렬과 판별식의 의미
   - 행렬식 $y = AX$의 해석과 방정식 $y = ax$의 해의 관계
3. 행렬을 이용한 함수의 일차변환에 대한 표현

기 하 학 (외향적 관계)

  [2]
1. 삼각형 정리
   - 각의 이등분선 정리(복습)
   - 변의 이등분선 정리
2. 원의 성질의 이해(복습)
   - 왜 원주각은 모두 같은가

〈공간으로의 확장〉
1. 벡터
   - 벡터의 개념과 기본 연산의 공간으로 확장
   - 위치벡터 : 기준점을 가진 벡터
   - 내적의 이해 : 하나가 다른 하나에 미치는 영향
   - 평면의 결정 : 벡터로 방향이 표현되는 서로 다른 두 직선
   - 코시·수번르초 정리에 대한 기하학적 이해
2. 3차원 공간에서의 방정식
   - 직선방정식
   - 평면방정식

개체 관점에서의 현상 및 변화과정

집합과 논리 [1]

1. 명제 그리고 증명을 위한 접근
   - 연역법과 귀납법
   - 대우증명
   - 법과 귀류법

: 1학년
: 2학년
: 3학년

과정

01

수(數) 와 대수(代數)

1. 소인수분해와 약수의 개수
- 수는 어떻게 구성되어져 있는가

〈용어에 대한 뜻의 이해: 형상화〉

약수란 무엇인가? 초등학교에서 우리는 약수는 어떤 수를 나누어 떨어지게 하는 수라고 배운다. 그리고 그것에 대한 이해는 중학교 또는 그 이상까지 어어진다. 그런데 이렇게 단순히 기술된 표현에만 맞추어 국한된 이해를 가지고 있다면, 제한된 시각으로 인해 타 이론과 연동을 시키기가 쉽지 않게 된다. 예를 들어 밀접한 연관성을 가지고 있지만, 기존 약수이론과 중학교과정에서 새로 배우는 소인수분해 이론의 상호 연결이 쉽지 않게 된다.

그런데 주어진 표현을 기반으로 그 의미를 구체적으로 형상화해 볼 수 있다면, 예를 들어 주어진 약수의 정의는 "어떤 수 X에 대한 약수는, 0이 아닌 정수로서, X = ab가 될 수 있는 임의의 인수 a, b가 된다"로 바꾸어 생각할 수 있을 것이다. 이렇게 하나의 방향에서 기술된 문장을 기반으로, 그 내용을 구체화 및 일반화를 통해 형상화 해보는 작업은 내용의 이해를 명확히 해 줄 뿐 아니라, 다른 방향에서의 이해에 대한 폭을 넓혀주는 효과가 있다.

즉 약수는 인수가 될 수 있는 모든 수라고 다른 방향의 이해를 추가 할 수 있게 된다. 그리고 인수란 말을 통해 소인수분해 이론과의 연결고리를 찾을 수 있게 될 것이다. (참고로 인수란 용어의 의미는 곱해지는 수를 뜻한다. 그리고 문자의 곱의 표현에서는 문자를 대수의 개념으로 본다.)

앞서 설명한 것처럼 하나의 이론은 바라보는 시각에 따라 여러 가지 다른 모습을 띨 수 있다. 따라서 책에서 주어진 하나의 표현을 기반으로 우리가 이론을 구체화 및 일반화를 통해 형상화하게 된다면, 여러 가지 다른 모습/표현들이 같은 한가지 이론에서 나온 것임을 자연스럽게 알 수 있겠지만, 반대로 이론의 결과 또는 주어진 한 가지 표현만을 외우고 있다면 이론의 다른 모습/표현이 나올 경우 그것이 같은 것에서 나온 것임을 인지하지 못할 것이다. 즉 각 이론의 특성에 맞게 다른 표현으로 기술된 타 이론들과의 상호 연결고리를 찾기가 좀처럼 쉽지 않게 되는 것이다.

소인수분해는 어떤 숫자를 소인수들의 곱만으로 표현하는 것을 뜻한다.

그런데 왜 그렇게 하는 것일까? 그리고 도대체 소인수란 무엇인가? 소인수란 용어를 살펴보면, 소수와 인수 의 합성어임을 쉽게 알 수 있다. 그럼 또 소수는 또 무엇인가?

우리는 중학교 과정에서 처음 접할 때, 소수는 1이 아니면서 약수가 1과 자기 자신, 두 개뿐인 수를 의미한다고 배운다. 그런데 많은 학생들이 그것이 무엇을 의미하는 지 구체적으로 생각해보지 않고, 단지 주어진 표현을 외우는 단계에서 생각을 멈춘다. 그럼 지금부터 떠오르는 의문점들에 대해 답을 하는 과정을 통해 해당 내용을 형상화 해보자.

소수는 1과 자기 자신만을 인수로 가지는 기본수라고 할 수 있다(소수(素數)의 한

자의 의미 또한 바탕이 되는 기본 수를 의미). 그리고 1과 소수를 제외한 모든 자연수는 소수들의 곱으로 표현되는 합성수이다. 이에 대한 이해를, 일반화를 통해 형상화하기 위해 이 세상에 존재해는 물질들의 구성원리와 서로 비교해 보자. 지금까지 밝혀진 이 세상의 모든 물질은 103가지 기본원소들의 결합을 통해 만들어 진다. 예를 들어 물은 H_2O, 배출가스의 주범인 이산화탄소는 CO_2, 매니큐어 지우개의 주성분인 아세톤은 C_3H_6O(첨자는 결합된 각 원소들의 개수를 의미) 등을 들 수 있다. 그리고 이렇게 결합된 물질들은 적당한 열을 가하여 분리 및 재결합을 시킬 수 있으며, 그러한 과정을 통해 새로운 물질을 만들어 내기도 하는데, 이에 대한 내용은 화학시간에 다루게 될 것이다. 여기서 수소(H: 원소기호 1번), 탄소(C: 원소기호 6번), 산소(O: 원소기호 8번)가 제시된 물질을 구성하는 기본원소들인데, 이것들이 자연수의 소수에 해당한다고 할 수 있다. 그리고 물/이산화탄소/아세톤처럼 자연계에 존재하는 모든 물질들은 이러한 기본원소들의 강력한 결합을 통해 만들어지는 것인데, 이것이 자연수의 합성수에 해당한다고 할 수 있다. 그래서 각각의 합성수들이 어떠한 결합을 통해 만들어 지는 지 아는 것은 의미있는 일이며, 이러한 결합을 알아보는 과정이 소인수분해라 할 수 있는 것이다.

〈과정의 이해: 형상화〉
이제 약수와 소인수분해 이론을 연동하는 부분을 살펴보자.

아이들은 36의 약수를 찾으라고 하면 쉽게 찾는다. 그런데 X = $2^2 \times 3^2$ 와 같이 36에 대한 소인수분해식을 보여주고, X의 약수를 찾으라 하면 쉽게 찾지 못한다.

그것은 약수를 나누어지는 수라 생각하고, 36의 약수을 찾을 때, 1/36, 2/18, 3/12, 4/9, 6/6과 같이 짝으로 찾는 방식에만 익숙하기 때문이다. 그래서 X = $2^2 \times 3^2$ 형태로 주어지면, 그러한 방식을 진행하기 어렵기 때문에 어쩔 줄 몰라 한다.

그럼 이제 약수를 X의 인수가 될 수 있는 수라고 생각하고, 그러한 인수들을 찾아

보자.

X를 구성하는 곱해져 있는 인수를 살펴보면, 굳이 짝으로 찾지 않아도, 어렵지 않게 1, 2, 2^2, 3, 3^2, 2×3, 2×3^2, $2^2\times3$, $2^2\times3^2$ 과 같이 가능한 경우의 수를 찾을 수 있을 것이다. 또한 가능한 인수를 찾는 방법을 다음과 같이 표로서 나타내 보면, 좀더 쉽게 빼먹지 않고 찾을 수 있을 것이다.

	1	3	3^2	
1	1×1	1×3	1×3^2	-1×(1, 3, 3^2)의 형태
2	2×1	2×3	2×3^2	-2×(1, 3, 3^2)의 형태
2^2	$2^2\times1$	$2^2\times3$	$2^2\times3^2$	-2^2×(1, 3, 3^2)의 형태

그리고 산출된 36의 약수의 개수를 세어 보면 총 9개 임을 알 수 있다. 그리고

위의 표를 보면 직접 세지 않더라도 9 = 가로의 개수(2+1)×세로의 개수(2+1)로서 계산될 수 있음을 알 수 있다.

이제 X = $2^a\times3^b$ 가 되는 수의 약수의 개수를 구해보자. 별도의 방법을 생각하지 않아도, 위와 같이 표를 이용하면, 가능한 모든 인수를 구할 수 있게 된다. 즉 (X의 총 약수의 개수) = (a+1)×(b+1)이란 공식이 왜 그렇게 되는지, 그 이유를 알게 되는 것이다.

마찬가지 방법으로 X = $2^a\times3^b\times5^c$ 가 되는 수의 약수의 개수는 (a+1)×(b+1)×(c+1)이 될 것이다.

여기서 소인수인 2, 3, 5은 다른 소인수로 바뀌어도 같은 방식이 적용될 것이다.

지금까지의 설명과정을 통해, 이론을 누군가에게 설명할 수 있다는 것은 위와 같이 왜를 통해 질문을 끌어내고 스스로 답을 찾아가는 과정을 거쳐, 그 내용을 전체

적으로 형상화 해 보았다는 것임을 알 수 있을 것이다.

이와 같이 단순히 결과 공식을 외우는 것이 아니라, 용어의 의미/도출 과정/결과에 대한 형상화를 하는 방식으로, 이론 공부를 한다면, 결과 공식뿐만 아니라 전체 도출과정에서 사용된 각각의 부분 과정들 또한 다른 문제 해결 과정에서 활용할 수 있게 될 것이다. 사실 그러한 부분과정의 사용 빈도가 오히려 더 많을 것이다.

2. 수의 의미 및 분류체계에 대한 이해
- 정수란 무엇인가

〈자연수〉

우리는 1, 2, 3, 4, … 로 구성된 수들의 집합을 자연수라 배웠다. 그렇지만 왜 그들을 자연수가 불렸는지 그리고 처음에 같이 배우는 숫자인 0은 왜 자연수에 포함되지 않는지 잘 알지 못한다. 그래서 내용을 그냥 외우긴 하지만, 주위 상황과 연계된 자연수의 이미지를 잘 형상화하지는 못한다.

그럼 자연스럽게 떠오르는 질문과 그에 대한 대답을 하는 과정을 통해 자연수와 연계된 주변상황을 알아보고 그 이미지를 형상화 해보자.

일단 자연수란 용어의 의미를 생각해 보자. 자연수는 자연스런 수 또는 자연에서 나온 수 등으로 생각해 볼 수 있을 것이다. 그럼 숫자가 만들어지기 이전, 원시 세상에서는 과연 어떤 목적의 수가 가장 필요했을까? 아마도 종족의 수나 사냥감의 수를 세고, 그 기록을 남겨둘 필요가 가장 크지 않았을까 싶다. 즉 자연수는 무언가를 세고, 그것을 표현하기 위해 자연스럽게 만들어 진 수라고 생각할 수 있다.

그러면 두 번째 질문은 자연스럽게 풀리게 된다. 학생들에게 0이 무엇을 뜻하냐고 물어보면, 대부분의 학생들은 없는 것을 의미한다고 이야기 한다. 그렇지만 나는 자연수를 가르칠 때는 틀렸다고 이야기한다. 왜냐하면 없는 것은 셀 필요가 없으므로 굳이 대응하는 숫자를 필요로 하지 않기 때문이다.

정리하면, 자연수는 세기 위해서 만들어진 수이고, 그래서 1, 2, 3, 4, … 로 구성된 수들의 집합을 뜻한다.

〈정수〉

없는 것이 0이 아니라면, 0은 과연 무엇을 의미할까?

아이들에게 일정시간 고민하게 해 본 후, 이것을 설명할 때면, 나는 학교 운동장에서 조회를 설 때 선생님이 줄을 맞추기 위해서 아이들에게 지시하는 과정을 예를 들곤 한다. 말하자면, 선생님이 한 명의 아이를 가르키며, 기준하고 외치면서 손을 들게 하면 나머지 아이들은 좌우로 나란히 손을 펴면서 줄과 간격을 맞준다. 그리고 아직 줄이 잘 안 맞았으면, 선생님을 다른 아이를 가르키며, 기준을 바꿔 같은 행동을 하게 한다. 이 비유에서 기준이 되는 학생의 위치가 기준점인 0이 되는 것이고, 그 학생을 기준으로 오른쪽에 있는 학생들의 위치는 +1, +2, +3, ⋯ 그리고 왼쪽에 있는 학생들의 위치는 -1, -2, -3, ⋯ 으로 지정한다고 말한다. 즉 +/-는 방향을 뜻하는 첨자라고 설명한다. 그리고 상황에 따라 기준은 바뀔 수 있으며, 그에 따라 특정학생의 위치 또한 같이 변한다는 사실을 인지시킨다. 정수(整數)의 한자의 의미 또한 가지런히 정돈된 수를 의미하므로 일맥상통한다 하겠다.

그런 후에 "2-3"이 무엇을 의미하는 지 상상해 보게 한다. 자연수 개념에서 2에서 3을 빼는 것은 상상할 수 없었다. 그래서 큰 수에서 작은 수를 빼고 큰 수의 부호를 붙이는 방법적인 면만을 배웠지만, 이제는 기준점에서 출발하여 오른쪽으로 두 칸을 간 후 왼쪽으로 세 칸을 간 셈이므로, 최종적으로 기준점에서 왼쪽으로 한 칸을 간 위치에 있다는 것을 상상할 수 있고, 그 위치의 표현이 -1인 것을 알게 된다. 이 과정을 현실 상황에서의 계산과 연결시켜보면, 현재 내가 가지고 있는 돈을 기준점인 0으로 삼을 때, 이만원이 들어 왔다가 삼만원이 다시 나갔으므로, 결국 기준에서 만원이 빠진 것을 의미하는 것이다.

....
Note : 0 이란 숫자는 기원후 4-500경에 인도에서 처음 사용되었다고 한다. 그러나 이것은 십진법의 개념에서 수를 나타내기 위한 것이었고, 기준점으로서 정수의 개념이 체계적으로 사용되기 시작한 것은 12세기 중세에 이르러서이다.

즉 정수의 계산은 절대적인 값의 계산이 아니라, 기준점으로부터의 상대적인 위치의 계산으로 이해할 수 있어야 한다.

그럼 방향을 부여한다 또는 방향을 바꾼다는 것은 연산식으로는 어떻게 표현할 수 있을까? +5 또는 -5는 아래와 같이 크기를 나타내는 숫자 5에 +1 또는 -1을 곱해 방향을 부여한 것으로 해석할 수 있다.

즉, 5 = 1×5 ⟹ (+1)×5 = +5, (-1)×5 = -5

여기서 +1 과 -1 은 방향인자라 볼 수 있는 것이다. 즉 방향인자 -1을 곱한다는 것은 원래의 방향에서 반대방향으로 방향을 바꾼다는 것을 의미한다. 따라서 (+1)×(-1) = -1, (-1)×(-1) = +1이 되는 것이다.

정리하면, 정수는 기준점으로부터의 상대적인 위치를 나타내기 위해서 만들어진 수이다. 여기서 +/-는 단지 방향을 나타내는 데, +는 정방향을, -는 그 반대방향을 뜻한다. 그리고 정수의 계산은 절대적인 값의 계산이 아니라, 기준점으로부터의 상대적인 위치의 계산으로 이해할 수 있어야 한다.

〈유리수〉

정수는 기준점으로부터의 상대적인 위치를 나타내는데, 단지 한 칸, 두 칸, …의 단위로만 표현할 수 있다. 그러면 자연스럽게 "한 칸과 두 칸 사이에 위치한 지점을 어떻게 표현할 수 있을 것인가?"에 대한 의문을 품게 될 것이다. 이제 이에 대한 대답을 하는 과정을 통해 유리수의 성질에 대해 이해해 보자.

그림과 같이 +2 와 +3 사이에 화살표가 가리키는 위치를 어떻게 표현할 수 있겠는

지 생각해 보자.

쉽게 생각하면, 기준점으로부터의 이 화살표의 위치는 +2에서 얼마큼 더 갔는지를 계산하여 그 값을 더하면 될 것이다. 그러면 필요한 과제는 화살표의 위치가 +2와 +3 사이에서 전체(단위길이)의 몇 %에 해당되는 지를 어떻게 구할 것인가이다. 이를 위해 생각해 낸 방법이 단위길이를 n개로 쪼갰을 때, 화살표가 가리키는 위치가 m번째에 해당하도록 그러한 n과 m을 찾는 것이다. 만약 n을 크게하여 잘게 쪼갠다면, 웬만하면 화살표의 위치에 해당되는 m을 찾는 것은 가능할 것으로 보인다. 그렇게 되면, 기준점으로부터의 화살표의 위치는 +2+m/n이 될것이다.

예를 들어, 아래와 같이 4개로 쪼갰을 때, 화살표의 위치가 첫 번째가 된다면, +2 +1/4 = +9/4가 되는 것이다.

즉 분수를 이용하여 정수 사이의 점들에 대한 위치를 나타낼 수 있는데, 이렇게 정수에서 확장된 수가 유리수이다. 그래서 유리수는 다른 말로 분수로 나타낼 수 있는 수라고 하는 것이다.

유리수(有理數)의 한자 의미인 이치가 있는 수와도 연결된다 하겠다. 여기서 이치란 몇 개로 쪼갰을 때 몇 번째에 해당되는 지, 추측이 아닌 정확한 비율로 알아낼 수 있다는 것을 뜻한다.

〈무리수〉

그러면, 자연스럽게 다음의 질문이 이어질 것이다.

"아무리 잘게 쪼개도 m/n, 분수형태로 나타낼 수 없는 점은 존재하는가?"이다. 대답은 "존재한다"이다. 그리고 그러한 점들에 해당하는 수가 바로 무리수(無理數)이다.

잘 알려진 대표적인 무리수로는 원주율을 나타내는 π(= 3.141592…)를 들 수 있다. 그 외에 수렴현상에 관련된 자연상수 e(=2.71828182…)와 루트(√)로 표현되는 수많은 수들을 들 수 있다.

〈실수〉

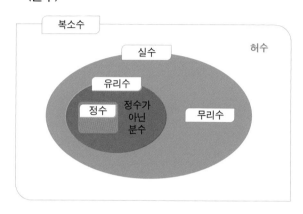

지금까지 소개한 모든 수들을 합쳐서 우리는 실수(實數)라 부른다.

이들의 포함관계를 표현하면 다음과 같다.

 - 양의 정수는 형태적으로 자연수와 같다.

 - 모든 실수는 +/- 방향을 배제할 경우, 크기를 나타내는 수이다.

다음 장에서 설명되는 내용으로,

 - 실수와 허수는 서로 다른 차원에 존재하는 각기 다른 1차원 수들이고, 복소수는 두 가지를 합해서 표현한 2차원 수이다.

 - 소수(小數)는 위의 숫자들에 대한 소수점을 이용한 다른 표현방법이다.

〈소수〉

수에 대한 일관된 표기방법을 위해, 즉 분수를 정수와 유사한 형태로 표현할 수 있도록 고안된 수의 표시방법이 소수이다. 소수(小數)란 용어의 의미는 0과 1사이의 작은 수를 뜻한다. 그에 대한 방법으로서 십진법의 표시형태를 1보다 작은 숫자로 확장한 것이라 할 수 있다. 즉 분모가 10의 거듭제곱의 형태를 가진 수 또는 수들의 합으로 표시하는 것이다.

예를 들어, 분모가 10의 거듭제곱 형태를 가지는 수는 3/10 = 0.3, 3/100 = 0.03, 3/1000 = 0.003 처럼 단일 숫자로 표시하고, 분모가 10의 거듭제곱 형태를 가지지 못하는 수에 대해서는 1/3은 0.333⋯ = 0.3+0.03+0.003+⋯ = $\frac{3}{10} + \frac{3}{100} + \frac{3}{1000} + \cdots = \frac{3}{10} \Big/ \left(1 - \frac{1}{10}\right)\left(= \frac{a}{1-r}, a는 초항, r는 등비\right) = \frac{1}{3}$ 처럼 무한등비수 열의 합의 이론을 이용하여 여러 소수들의 합으로 표시하는 것이다.

이렇게 분모가 10의 거듭제곱의 형태를 가져야 함에 따라, 소수의 표현은 다음과 같이 구분되어 진다.
- 기약분수에 대해 분모가 2 또는 5 만을 인수로 가지는 경우, (10 = 2×5로 소인수분해 되기 때문에) 같은 수를 분자/분모에 곱하여 분모를 10으로 만들 수 있으므로, 위의 예시처럼 단일숫자로 표기할 수 있는데 이를 유한소수라 한다.
- 기약분수에 대해 분모가 2 또는 5 이외의 인수를 가지는 경우, 분모를 10으로 만들 수 없으므로 자연히 무한소수의 형태를 가지게 된다.
  그런데 무한소수 중
  순환소수의 경우, 상응하는 무한등비급수의 형태를 만들 수 있음으로 분수(/유리수)의 형태로 전환할 수 있음을 알 수 있다. 그리고 그 역도 성립한다. 따라서 분모가 2 또는 5 이외의 인수로 가지는 기약분수는 순환소수로 전환할 수 있다.
- 반면에, 분수로 나타낼 수 없는 무리수는 순환하지 않는 무한소수로 표현할 수 있다.
  → 순환하지 않는 무한소수는 실제 수를 표현할 방법이 없으므로 루트($\sqrt{\ }$)나 π 등 기호를 이용한다.

소수(小數)는 의미적으로 구분된 수의 분류체계가 아니라, 용이성을 위한 수의 다른 표현 방법일 뿐이다.

〈개념의 확장1: 절대값의 의미는 무엇일까?〉

학생들에게 물어보면, 많은 아이들이 마이너스를 플러스로 바꾸는 것이라고 방법적인 이야기를 한다.

그들은 처음 배울 때 그 의미에 대해 진중하게 생각해 보지 않았다. 그래서 개념의 확장 및 타 이론과 연동을 할 수가 없는 것이다.

절대값은 방향을 배제한 크기를 나타내는 함수(/기능)로서, (한 점에 대해서는) 기준점으로부터의 거리를 뜻한다. 예를 들어, $|z| = 3$은 상황에 따라 아래와 같이 다양하게 해석되어 진다.

- z가 일차원 직선 상의 점이라면, 기준점 0으로부터 거리가 3인 위치에 있는 두 점, +3, -3을 뜻하고,
- z가 이차원 평면 상의 점이라면, 기준점 (0, 0)으로부터 거리가 3인 위치에 있는 점들인 원을 뜻하고,
- z가 삼차원 공간 상의 점이라면, 기준점 (0, 0, 0)으로부터 거리가 3인 위치에 있는 점들인 구을 뜻한다.

그런데 방법적인 면만을 외운 사람은 이러한 확장을 이해할 수 없으므로, 변형되는 모든 경우를 따로따로 외워야만 할 것이다.

〈개념의 확장2: 복소수 그리고 허수의 이해〉

실수는 수직선상의 한 점에 대해 기준점으로부터의 상대적인 위치를 나타내는 수라고 할 수 있다.

예를 들면,

- 줄을 세울 때, 기준이 되는 사람을 중심으로 오른쪽/위쪽은 +, 왼쪽/아래쪽은 - 로 표현
- 통장잔고 0을 기준으로 저축한 돈은 +, 대출받은 돈은 - 로 표현
- …

그렇다면 만약 그럴 필요가 있다면, 정보에 대한 차원을 하나 더 높여 한 체계에 속하지만, 서로 독립적인 두 정보를 어떻게 같이 표현할 수 있을까?

예를 들어
- 현재 지갑에 있는 돈 과 은행에 저축해 둔 돈
- 현재 가용한 전류와 충전기에 충전된 전류
- 언제든 바로(/집중하여) 쓸 수 있는 근육상의 가용-에너지와 땀 흘리며 시간을 갖고 태워야 쓸 수 있는 지방에 있는 축적에너지
- …

이렇듯 한 체계에 속하지만, 차원이 다른 두 가지 정보를 하나의 수로서 표현하고자 만들어진 방법이 복소수이다. 말하자면 이차원 수라 할 수 있다.

차원이 다르므로, 하나의 관점에서만 볼 때는 다른 수는 보이지 않는다.

복소수에 대한 일반적인 표현법은 $a+bi$ 이다. a는 현재 가용차원인 실수부의 숫자이고 b는 잠재차원인 허수부의 숫자이다. 따라서 허수는 가짜 수로 이해하기 보다는 현재는 차원이 달라, 보이지 않는 잠재된 수라고 이해하여야 한다. 물론 잠재차원의 수는 특별한 전환 기능을 통해 현실차원의 수로 바뀔 수 있을 것이다. 마치 어댑터를 통해 충전기의 전류를 쓸 수 있듯이…

3. 참값/측정값/오차의 한계/유효숫자의 의미 그리고 연산
  - 생활에서 우리가 실제로 다루는 수는?

  우리가 실생활에서 주로 사용하는 값은 참값일까 측정값일까?

  측정값이다. '어, 의외네…'라고 생각하는 사람도 많을 것이다.

  그렇지만 그 값이 어떻게 나왔을까를 생각해 본다면, 금방 이해가 갈 것이다.

  우리가 어떤 값을 이야기하고 있다면, 그 값은 누군가가 어딘가에서 측정하여 알아낸 값일 것이기 때문이다. 실제 참값이 아닌 것이다.

〈그림 1〉

  예를 들어 위 〈그림1〉의 경우를 살펴보자.

  측정의 단위가 길이이던 무게이던 간에 측정기의 눈금이 화살표의 위치를 가리키고 있다면, 여러분은 그 값을 얼마로 읽을 것인가?

  측정기의 십단위 숫자인 20을 넘었으므로, 일단위를 어림잡으면 개략 22정도로 추측할 수도 있겠다.

  하지만 일단위 추정값은 개인마다 차이가 있을 수 있으므로, 누구나 믿을 수 있는 값이 되지 못한다. 따라서 측정치로서 믿을 수 있는 값은 측정기 눈금에 쓰여져 있는 숫자를 기반으로 한 값 20이다. 그리고 실제 참값은 20부터 25사이에 있을 것이므로, 이 경우 측정값에 대한 최대 오차의 크기는 5인 것이다.

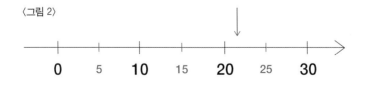

〈그림 2〉

그렇다면 〈그림2〉의 경우는 어떻게 될 것인가?

측정기의 눈금이 20에 가까이 있으므로, 위와 똑 같이 측정값은 20이 된다. 그러나 실제 참값은 20부터 22.5사이에 있을 것이므로 최대 오차의 크기는 2.5인 것이다.

이렇게 측정기를 통해 읽은 측정값과 실제 참값의 차이에 대한 최대 오차의 크기를 오차의 한계라 부른다.

그리고 측정기의 정밀도에 따라 읽은, 누구나 믿을 수 있는 숫자의 단위가 결정되어 진다. 즉 좀더 작은 단위까지 오차의 한계를 가지려면, 상응하는 세밀한 눈금을 가진 측정기를 써야만 하는 것이다.

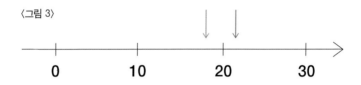

〈그림 3〉

그런데 오차의 한계가 5인 측정값이 20이라면, 참값의 범위는 어떻게 될까? 오른쪽 그림처럼 실제값은 20을 기준으로 좌/우측 모두에 위치해 있을 수 있으므로, 참값의 범위는 15이상 25미만이 될 것이다.

그럼 이러한 오차의 한계가 가지고 있는 의미는 무엇일까?

일차적으로는 말 그대로 현재의 측정체계 내에서 발생할 수 있는 최대 오차, 바꿔 말하면 하나의 측정값이 나타낼 수 있는 참값의 범위, 즉 측정값에 대한 신뢰구간을 나타낸다. 그리고 이것은 어렵기 않게 이해가 될 것이다.

그런데 실제 생활에서 우리가 특히 주의해야 할 것은 그 값을 가지고 추가적인 연산을 했을 경우, 나오는 결과값에 대한 신뢰구간의 변화이다. 이것을 판단하기 위해 유효숫자란 개념을 도입하는 데, 유효숫자는 측정치로서 또는 계산의 결과로서 의미가 있는 개개의 단위 숫자를 말한다.

〈그림1〉에서 얻은 측정값 20(측정기 눈금이 십단위 기준으로 있으므로 유효숫자는 십단위 숫자 2 하나 그리고 오차의 한계는 5)에 참값 100(참값이므로 유효숫자는 1, 0, 0 세자리 모두)을 곱하면 2,000이 된다. 이 결과값은 얼마나 믿어야 하겠는지 한번 생각해 보자. 연산 전 측정값의 오차의 한계가 5였고, 여기에 100을 곱했으니, 오차의 범위 또한 그만큼 커질 것이다. 즉 연산 후의 오차의 한계는 500이 될 것이다. 따라서 참값의 범위는 1,500이상 2,500미만이다. 그런데 계산결과인 2,000 중백의 자리 이하의 숫자는 측정값의 유효범위 밖(일의 자리 이하)의 숫자를 가지고계산된 값이므로 믿을 수 없는 값이 된다. 따라서 맨 앞자리인 천의 자리 수만 의미가 있는 것이다. 즉 숫자의 유효성을 생각했을 때, 연산 결과값 2,000에서 의미가 있는 유효숫자는 맨 앞자리 수인 2 뿐이다.

→ 위의 내용을 확장해서 해석하면,

서로 다른 유효숫자의 개수를 가진 두 개의 측정값을 가지고 곱셈/나눗셈 연산을 할 경우, 연산 결과값의 유효숫자의 개수는 적은 쪽을 따라간다.

그럼 덧셈/뺄셈의 경우는 어떻게 될까?

유효숫자가 서로 다른 두 개의 측정값 123.023과 12.1을 가지고 덧셈을 해 보자.
123.023+12.1 = 135.123이 되는데, 이 결과값에서 믿을 수 있는 부분은 어디일까?
135.123의 소수점 아래 마지막 두 자리 숫자인 2, 3은 측정값 12.1의 오차의 한계를벗어난 부분을 00으로 가정하고 더해진 숫자 이므로 연산의 의미가 없다 하겠다.
즉 믿을 수 있는 값은 135.1인 것이다.

→ 위의 내용을 확장해서 해석하면,

서로 다른 유효숫자의 개수를 가진 두 개의 측정값을 가지고 덧셈/뺄셈 연산을할 경우, 연산결과 값의 유효숫자는 소수점 아래 자리수가 적은 쪽이나 소수점위 자리수가 낮은 쪽을 따라간다.

현실적으로 측정을 통해 실제 참값을 알 수 있는 방법은 없다 하겠다. 그래서 우리는 측정값을 어느 정도의 오차를 가지고 신뢰할 수 있는지 알아야만 한다. 그래야만 그 값을 가지고, 추가적인 연산을 했을 경우, 그 유효성 및 오차범위는 어떻게 변경되는 지 알아낼 수 있기 때문이다. 그것을 위한 좋은 방법이 위와 같이 연산결과의 유효숫자를 판별하는 것이다.

■ 유효숫자 표기법

측정값이 20,000과 12,345.123으로 표기되었을 때, 일반적으로 어디까지를 유효숫자로 보아야 할까?

- 12345.123의 경우는 판단하기 쉽다. 이 측정값은 1/1000 단위로 측정할 수 있는 측정기를 사용한 값이라 볼 수 있기 때문이다. 즉 전체 숫자가 모두 유효숫자 이다.

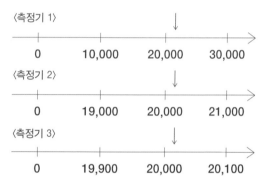

- 그러나 20,000의 경우는 조금 다르다. 측정기의 정밀도가 서로 달라도 같은 값이 나올 수 있기 때문이다. 우측 그림을 보면 다른 정밀도를 가진 세 측정기를 통해 계측한 값이 모두 같은 값인 20,000 임을 알 수 있다. 그러나 측정기 1로 계측한 경우는 만 단위 숫자인 2만 유효숫자이다. 그리고 측정기 2로 계측한 경우는 천 단위 숫자까지인 2, 0이 유효숫자이다. 마지막으로 측정기 3으로 계측한 경우는 백 단위 숫자까지인 2, 0, 0이 유효숫자인 것이다.

따라서 유효숫자를 쉽게 구분할 수 있도록, 수에 대한 다음의 표현법이 고안되었다.

$$X = a.bcde\cdots \times 10^k$$

(여기서 a, b, c, d, e,… 는 각각 0, 1, 2, …, 9 의 한자리 숫자로 유효숫자를 표시하기 위함이고, k는 정수)

예를 들어 위의 경우에 적용하면, 첫 번째 측정기에서 계측한 값은 2×10^4 으로, 두 번째 측정기에서 계측한 값은 2.0×10^4 으로, 그리고 세 번째 측정기에서 계측한 값은 2.00×10^4 으로 표현 되는 것이다.

실제 생활에서는 이렇게 유효숫자를 구분하여 사용하는 것이 오류를 줄일 수 있는 올바른 방법이지만, 특별한 가정이 없는 한 수학문제에 나오는 대부분의 연산은 참값에 의한 연산으로 생각하여야 한다.

참고로 이러한 측정값/참값/오차의 한계 그리고 신뢰구간에 대한 개념은 이후 통계를 배울 때, 표본평균/모평균/표준편차 그리고 신뢰구간의 개념으로 확장되어 연결된다.

4. 문자식에 대한 해를 구하기
- 문자에 대한 두려움을 없애라

    방정식, 인수분해 등 문자가 포함된 연산을 어려워하는 아이들이 의외로 무척 많다. 그러한 아이들을 살펴 본 결과, 다음과 같은 사실을 알 수 있었다.

- 숫자만 포함된 연산은 그 과정을 구체적으로 상상을 할 수 있어 실제 적용을 쉽게 할 수 있으나,
- 문자가 포함된 연산은 그 과정에 대해 구체적인 상상을 할 수 없어 어찌 할 줄 모르는 것 같았다.

    그래서 아이들은 문자가 포함된 연산의 수행 시,

    연산과정에 대한 구체적인 상상 없이 단지 외워놓은 패턴을 적용하려고 시도하는데, 생각이 잘 나지 않거나 조금이라도 변형이 된 경우, 아예 엄두를 내지 못하는 것을 자주 보게 된다.

    그럼 왜 그러한 아이들은 문자가 들어간 연산에 대해 구체적인 상상을 하지 못하게 되었을까?

    일반적으로 학생들은 방정식에 포함된 문자를 모르는 것으로만 해석하여 미지수라고 생각하고 있다. 하지만 방정식이 만들어지는 과정을 이해해보면, 문자는 특정 숫자를 대신한 대수라고 표현이 어울림을 알 수 있다. 단지 방정식을 푸는 입장에서는 문자로 표현된 그 대수가 알아내야 할 대상, 미지수인 것이다. 그런데 문자가 미지수란 생각에만 집착한다면, 용어의 의미 그대로 모르는 것이기 때문에 계산과정에 대한 구체적인 상상을 하기가 어렵게 된다. 그래서 단지 유형별로 푸는 방법만 찾게 될 것이다.

    그에 비해 문자를 대수란 생각에서 접근한다면, 계산 과정을 충분히 상상해 볼 수 있기 때문에, 논리적으로 접근해 볼 수 있을 것이다.

정리하면 이러한 현상은 방정식에 사용된 문자를 대수란 생각을 가지고 접근하지 못해서 이러한 현상이 발생하지 않았나 생각한다. 그러나 소위 공부를 잘하는 아이들은 대부분 반복 연산훈련을 하는 동안 자연스럽게 대수의 개념을 이해하게 되기 때문에, 문자가 포함된 연산의 과정에 대한 구체적인 상상을 할 수 있게 된 것이다.

이제부터 아이들에게 설명한다는 입장에서 대수의 개념부터 간략히 살펴보도록 하자.

■ 대수란 무엇인가?

1. **대수의 의미** : 대수로서의 문자는 수를 대신한 것이다.
   - → 문자 a가 자연수를 대신한다면, a는 1일수도 있고, 5일수도 있고, 1000일수도 있다.
   - → 문자 a가 정수를 대신한다면, a는 -5일수도 있고, 0일수도 있고, 100일수도 있다.
   - → 문자 a가 유리수를 대신한다면, a는 -5.7 일수도 있고, 1일수도 있고, 10.5일수도 있다.
   - → 문자 a가 실수를 대신한다면, a는 $-\sqrt{2}$ 일수도 있고, 1일수도 있고, π 일수도 있다.
   - → 문자 a가 2^x 형태의 수를 대신한다면, a는 2^{-3}일수도 있고, 2^0일수도 있고, 2^2 일수도 있다.
   - → …

2. **대수의 특성**
1) 대수는 숫자와 마찬가지이므로, 대수로서의 문자연산 또한 숫자연산과 동일하다.
   - $3 \times 2 + 4 \times 2 = (3+4) \times 2 = 7 \times 2 \Leftrightarrow 3a + 4a = (3+4)a = 7a$
   - $3 \times 20.75 - 4 \times 20.75 = (3-4) \times 20.75 = -20.75 \Leftrightarrow 3a - 4a = (3-4)a = -a$

   (이렇듯, 대수를 이용하여 식을 간략히 정리한 후 숫자를 대입하면, 계산의 복

잡성을 줄일 수도 있다)

- (100−1)×(100+1) = 99×101 = 9999 ⇔ (a−1)(a+1) = a² − 1 = 100² − 1 = 9999

즉 대수의 연산방법은 숫자의 연산규칙을 따른다.

2) 대수를 이용하면, 어떤 그룹의 모든 숫자를 일일이 나열하지 않고도 해당 그룹의 임의의 숫자를 나타낼 수 있으므로, 특정 그룹의 성질을 연구하기 쉽다.

예를 들어,

자연수 그룹 N 은 연산 덧셈과 곱셈에 대해 닫혀 있다.

→ 임의의 두 자연수를 뽑아 덧셈과 곱셈을 하여도 그 결과 또한 자연수이다.

$a \in N, b \in N \to a + b = c \in N, a \in N, b \in N \to a \times b = c \in N$

그렇지만 연산 **뺄셈**과 나눗셈에 대해서는 닫혀 있지 않다.

→ 임의의 두 자연수를 뽑아 **뺄셈**과 나눗셈을 하면 그 결과가 자연수가 아닐 수 있다.

$a \in N, a < b \in N \to a − b = -(b − a) \notin N, 서로 소인 a, b \in N \to b / a = c \notin N$

이러한 대수의 개념을 인식한 후, 문자가 포함된 연산을 공부해 나간다면, 아이들은 오래지 않아 문자간의 연산을 어렵지 않게 받아들이게 될 것이다.

이제 대수연산에 대한 이해를 바탕으로 이제 문자가 포함된 방정식(/부등식)을 풀어보자.

■ 대수로서의 개념을 가지고 방정식(/부등식) 풀이

1. 접근자세

- 방정식을 푼다는 것은 방정식의 해를 구한다는 것이다. 즉 미지수 x가 무엇인지를 찾는 것인데, 이것은 주어진 방정식을 x = k의 형태로 바꾸는 것으로 간단히

생각할 수 있다.

"주어진 방정식" ➔ "x = k"

(/마찬가지로 부등식의 해를 구한다는 것은, 주어진 식을 "x < k"의 형태로 바꾸는 것이다.)

2. 절차

1) 등식의 성질을 이용하여, x를 가진 항과 가지지 않은 항으로 분리하여 정리한다. 그런데 주어진 식이 x를 포함한 항과 x를 포함하지 않은 항이 가로로 묶여 복잡하게 엮여 있다면, 우선 가로를 풀어 x를 가진 항과 x를 가지지 않은 항으로 쉽게 구분할 수 있도록 정리하는 작업이 우선되어야 한다.

　　주로 좌변이 x를 가진 항들이 있는 쪽으로 사용되지만, 반대로 해도 무방하다.

2) 인수분해를 하여 a×x = b의 형태를 만든다.

3) 문자를 포함한 연산이 숫자연산과 다른 점은, 위의 정리된 식에서 x의 계수인 a의 값이 정해지지 않았다는 것이다. 따라서 최종변환을 위한 역수와 관련하여 a의 경우를 구분해 주는 것이 필요하다.

　　case1: a ≠ 0) 양변에 x의 계수의 역수를 곱하여 x = b×1/a 형태로 만든다. 즉 해가 하나이다.

　　case2: a = 0) a에 0을 대입하여, 원식 a×x = b 를 0×x = b를 바꾸어 판단한다.

　　　　→ b = 0 이면, 주어진 식은 0×x = 0가 되어 해가 무수히 많다.

　　　　→ b ≠ 0 이면, 주어진 식은 0×x = b가 되어 해가 없다.

(/부등식일 경우: a ≠ 0 대신에 a > 0와 a < 0로 나누어 구분한다.

　　　　그리고 a < 0 경우는, 역수를 곱한 후 부등호의 방향을 바꾸어 준다.)

3. 적용 예

1) $ax-1 = 2x+3$ 의 풀이

① $ax-2x = 3+1$ (등식의 성질 이용 : 양변에 똑같이 $2x$ 빼기, 양변에 똑같이 1 더하기)

② $(a-2)\times x = 4$ (인수분해 이용 : 공통인수 x로 묶기)

③ case1) $(a-2) \neq 0 \rightarrow x = 4\times 1/(a-2)$ $(\because (a-2)$의 역수$= 1/(a-2)$ 가 존재)

  case2) $(a-2) = 0 \rightarrow$ 해가 없다.

2) $a(x-2)+1 = -c(x-3)$ 의 풀이

① $ax-2a+1 = -cx+3c$ (분배법칙 이용: 가로 풀어 정리하기)

  $ax+cx = 3c+2a-1$ (등식의 성질 이용: 양변에 똑같이 cx 더하기, 양변에 똑같이 $2a-1$ 더하기)

② $(a+c)\times x = 2a+3c-1$ (인수분해 이용 : 공통인수 x로 묶기)

③ case1) $(a+c) \neq 0 \rightarrow x = (2a+3c-1)\times 1/(a+c)$ $(\because (a+c)$의 역수$= 1/(a+c)$가 존재)

  case2) $(a+c) = 0 \rightarrow 0\times x = c-1$

  $\rightarrow c = 1$ 이면 해가 무수히 많고, $c \neq 1$ 이면 해가 없다.

이해의 핵심은 방정식을 푼다는 것이 주어진 관계식을 $x = k$ 형태로 만든다는 것이다. 그리고 문자를 포함한 연산에 있어, 방정식에 포함된 모든 문자를 특정 숫자를 대신한 대수로 보고, 숫자 연산 하듯이 할 수 있어야 하는 것이다. 이것은 대수의 개념을 제대로 이해한 후, 반복연습을 통해 익숙해 지면, 저절로 해결 될 것이다.

문자식과 관련하여, 아이들을 혼란스럽게 하는 또 하나의 것이 변수와 상수이다. 정확한 개념의 차이를 이해하지 않고 접함에 따라 모르는 미지수만 더 늘어나는 형상이라 하겠다. 따라서 주어진 내용에 대한 구체적인 이해는 점점 더욱더 어려워지는 것이다.

이번에는 문자로 나타내어진 변수와 상수의 차이에 대해 알아보자.

■ 변수와 상수

1. 의미

- 변수 : 말 그대로 변하는 수를 나타내는 문자인 대수이다.

  → 변수에는 변하는 영역/구간을 나타내는 변역이 반드시 따라 붙는다.

- 상수 : 말 그대로 고정된 수를 나타내는 문자인 대수이다.

  → 특정계산의 결과로서 자동으로 산출되는 숫자를 대신할 경우, 굳이 수의 성질의 명시할 필요가 없지만, 일반관계식과 같이 범용적인 표현을 위한 계수로 사용되어지는 숫자를 대신할 경우, 수의 성격을 제시하는 것이 필요하다.

2. 적용 예

1) $x+y = 2$를 만족하는 순서쌍 (x, y)를 찾아라. 단 x, y는 정수 / $-3 < x < 3$이고 x, y는 정수

  → 이 문제에서 사용된 x, y는 변역에 속하는 임의의 수가 될 수 있으므로, 변수이다. 특별한 규약은 없지만, 일반적으로 x, y, z 문자는 주로 변수를 나타낼 때 사용되어 진다.

2) $x+y = 4$ 와 $x-y = 2$를 모두 만족하는 순서쌍 (a, b)를 찾아라. 단 x, y는 정수

  → 마찬가지로 이 문제에서 사용된 x, y는 정수(변역)인 임의의 수가 될 수 있으므로, 변수이다.

  그러나 a, b는 두 식을 만족하는 특정한 수를 나타내므로, 상수이다.

  여기서 a, b는 위의 방정식풀이에 따른 결과값으로서, 저절로 정해지는 수이므로 굳이 수의 성격을 명시하지 않아도 된다.

  일반적으로 x, y, z를 제외한 문자는 주로 상수를 나타낼 때 사용되어 진다.

3) $y = ax+b$ 는 일차함수를 나타내는 관계식이다.

이러한 관계식에서 반드시 표현해야 할 것은 어떤 문자가 변수이고, 어떤 문자가 상수인가 이다.

다음은 일차함수, y = ax+b 에서 사용되는 대수 문자에 대한 일반적인 정의이다.

- x, y 는 변수이고, 변역은 실수 전체이다.

- a, b 는 상수이고, 실수에 속한다.

5. 부정방정식 풀이를 위한 접근방법

부정방정식의 뜻이 무엇일까?

여기에 쓰인 부정이란 '아니다(否定)'나 '올바르지 않다(不正)'의 의미가 아니라 '정할 수 없다(不定)'란 뜻이다. 그런데 왜 정할 수 없을까? 그것은 해가 무수히 많기 때문이다. 정리하면, 부정방정식은 일반적인 경우 해가 무수히 많아 특정 해를 정할 수 없는 방정식을 뜻한다.

그러면 어떤 경우가 해가 무수히 많게 되는 지 생각해보자.

① $x+y = 1$, $x-y = 1$을 만족시키는 해, 순서쌍 (x, y)는 몇 개나 될까?

② $x+y = 1$을 만족시키는 해인 순서쌍 (x, y)는 몇 개나 될까?

이제 여러분은 눈치 챘을 것이다.

일반적으로 연립방정식을 풀 경우, 미지수의 개수와 주어진 관계식의 개수가 일치하면, 해는 하나 존재한다. 그러나 미지수의 개수보다 주어진 관계식의 개수가 적으면, 해는 무수히 많이 존재하게 된다.

즉 부정방정식의 풀이란, 미지수의 개수보다 주어진 관계식의 개수가 적은 연립방정식을 푸는 것을 의미한다.

그러면 부정방정식은 의미 자체가 해가 무수히 많아 정할 수 없는 것인데, 그러한 방정식을 푼다는 것은 무엇을 하라는 것일까? 아마도 여러분은 직접적으로 표현되지 않았지만, 실행을 하려면 어쩔 수 없이 있어야 하는 것이 무엇일까 생각한다면, 그 의미를 알아 차릴 수 있을 것이다. 말하자면 해의 개수를 제한 할 수 있는 조건이 추가적으로 주어질 것이라는 것을 생각해 낼 수 있을 것이다. 실제로 부정방정식 형태의 풀이문제에는 항상 그러한 추가 조건들이 따라 붙는다.

즉 부정방정식 풀이를 위한 접근방향은 추가된 조건을 어떻게 이용하여 해들을 제한시킬 것인지 그 방법을 찾아내는 것이라 할 수 있다.

그럼 지금부터 해들을 제한시키는 대표적인 방법 몇 가지를 알아보도록 하자.

내용형상화를 해 본 결과, 미지수에 비해 주어진 관계식의 개수가 적다면, 우선 우리는 이 문제가 부정방정식의 형태일 수 있음을 알아차릴 수 있어야 한다.

1. 변수가 자연수/정수 등으로 범위가 제한 된 경우

- 접근방법: 덧셈(/뺄셈)의 형태로 주어지는 방정식 A+B = 143을 만족시키는 정수 해는 무수히 많지만, 곱셈(/나눗셈)의 형태로로 주어지는 방정식 A×B = 143 = 11×13을 만족시키는 정수해는 몇 가지 되지 않는다. 왜냐하면 A, B는 143의 약수이어야 하기 때문이다. 이러한 성질을 이용하여 주어진 식을 인수분해하여 변형한 후 해석한다.

예제1: 정수 x, y에 대하여 $xy-x-2y-141 = 0$을 만족하는 x, y를 구하여라.

- 접근방법: 덧셈형태의 식을 가지고는 위의 식을 만족하는 x, y가 너무 많으므로, 인수분해를 이용하여 한쪽 변은 문자식에 의한 곱셈형태로 만들고 다른 쪽 변에는 숫자만 오도록 한다.

　→ x를 포함한 두 항을 묶으면 $x(y-1)$이 되는데, 남아 있는 문자 $-2y$를 앞에서 정리한 식과 인수분해를 하여 처리하려면 $(y-1)$인자가 필요하게 된다. 따라서 $-2y$를 이용하여 $-2(y-1)$를 만들고 정리하여, 남은 숫자를 우변으로 옮긴다. 그러면 목표식은 $(x-2)(y-1) = 143$ 형태로 바뀌게 된다.

예제2: 자연수 x, y에 대하여 $x+13y-143 = 0$을 만족하는 x, y를 구하여라.

- 접근방법: 주어진 식은 x, y가 따로 따로 더해진 간단한 식이므로 더 이상 인수분해를 이용해 곱셈형식으로 바꿀 수 없다. 이 상태로 숫자를 대입해 해당되는 자연수 x, y를 찾을 수도 있지만, 시간이 조금 은 걸릴 것이다. 그런데 x, y가 자연수이

고, y의 계수 13으로 비교적 큰 소수라는데 착안하여, 좀더 효과적인 접근방법을 생각해 낸다면, 많은 시간을 절약할 수 있을 것이다.

→ 주어진 식을 y에 대해 정리해 보면, y = 11−x/13이 된다. 그러면 다음과 같은 사실을 쉽게 알 수 있다. y가 자연수이므로 x는 13의 배수이다. x, y가 자연수이 므로 y는 11보다 작은 수가 된다. 따라서 y가 11보다 커질 때까지 x에 13의 배수를 넣으면, 쉽게 해를 찾을 수 있을 것이다.

2. 변수의 범위가 실수/유리수 이지만, 목표식이 특수한 형태로 주어진 경우 : (예: $A^2 + B^2 + C^2 = 0$)

- 접근방법: 주어진 조건과 더불어 목표식 형태가 가지는 특수성을 이용한다.

예제: 실수 x, y, z에 대하여 $(x-1)^2 + (y-2)^2 + (z-3)^2 = 0$을 만족하는 x, y, z을 구하여라

- 접근방법: 실수공간에서 제곱식은 항상 0 이상이므로, 위의 목표식이 성립하려 면 A, B, C에 해당하는 각 부분이 0이 되어야 한다.

→ 만약 목표식이 위처럼 정리되지 않고, 전개되어 풀어서 주어졌다면 이 문제는 상당히 어렵게 보일 것이다. 그렇지만 이 문제가 부정방정식임을 인식하고, 각 변수가 실수 이므로 인수분해 형태로 바꾸어도 해의 개수를 제한할 수 없다는 것을 생각해 낸다면, 어쩔 수없이 위와 같은 특수한 형태를 만들어 보려 시도하게 될 것이다. 그러면 어렵지 않게 문제를 풀게 될 것이다.

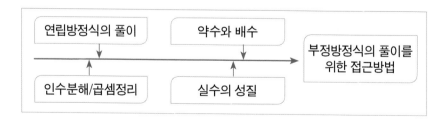

02

함수(函數)

1. 함수에 대한 이해

  – 올바른 관계 그리고 관점에 대한 이해

많은 아이들이 함수를 무척 어려워 한다. 특히 여학생들은 더 심한 편이다. 왜 그
럴까?

함수의 정의를 살펴보면,
"정의된 모든 원소, 각각에 대하여 대응하는 함수값이 하나씩 존재할 때, 그것을
함수라 한다." 라고 되어 있다. 그런데 대부분의 아이들은 누군가 이끌어 주지 않는
다면, 함수를 왜 이렇게 정의해 놓았을까? 무엇을 표현하려고 하는 것일까? 하는 의
문을 갖고, 그 이유를 생각해 보려 하지 않는다. 다만 제시된 내용을 어떻게든 쉽게
그리고 빨리 받아들이려고 한다. 그래서 저 내용이 의미하는 다음과 같은 형태 몇
가지를 외우는 것으로 자신의 이해를 마무리하곤 한다.

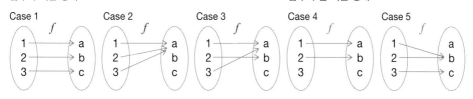

함수가 되는 형태   함수가 안 되는 형태

정리하면, 정확히 뜻을 이해하지 못한 체 형태적인 내용만을 받아들이고 나니, 이후 새롭게 나타나는 형태들은 외울 수 밖에 없는 것이다. 더욱이 제시되는 형태가 다양한 함수란 놈은 외워야 될 내용도 많고 복잡한 이론으로 생각할 수 밖에 없는 것이다. 그렇기 때문에 형태 암기식 접근방법을 가진 아이들은 함수이론이 어렵게만 느껴지는 것이다.

이 문제를 해결하기 위해 다음과 같이 접근해 보자.

우선 함수란 용어가 가지는 의미를 파악하고, 그것을 기준으로 함수의 개념을 자연스럽게 이끌어 내보자.

함수의 심볼로 사용하는 f는 기능/관계란 뜻을 가진 영어 Function의 첫글자에서 따온 것이다. 즉 함수가 된다는 것은 무언가가 그 기능을 제대로 잘 한다는 것을 의미하는 것이다. 그 무언가는 종류에 따라 계산기, 자판기, 뻥튀기 등이 될 수 있을 것이다. 그럼 자판기의 경우를 가지고 어떤 경우가 그 기능을 제대로 수행하는 것인지 알아보자.

이 자판기는 세 개의 선택 버튼이 있고, 각각에 대응하는 콜라, 사이다, 환타가 나오게 되어 있다.

다음의 경우를 상상해 보자.

- 만약 두 개의 버튼은 동작을 잘 하는데, 나머지 한 개가 무응답이면 제대로 기능을 하는 것일까? (Case 4)
- 만약 콜라 버튼을 눌렀는데, 콜라와 사이다가 모두 나온다면 제대로 기능을 하

는 것일까? (Case 5)

그렇다. 위의 경우들은 자판기가 제대로 동작하지 않은 것이다.

다음의 상황을 어떨까 생각해 보자.

- 환타/사이다가 거의 팔리지 않아, 안내를 붙이고 3가지 버튼 선택에 모두 콜라가 나오게 하였다면, 이것은 기능을 제대로 하는 것일까? (Case 2)

- 또는 지금 시즌에 환타가 잘 팔리지 않아, 2가지 버튼은 콜라가 1가지 버튼은 사이다가 나오게 돌려 놓았지만, 환타는 나중 시즌을 위해 그냥 자판기 안에 남겨 놓았다면, 이것은 기능을 제대로 하는 것일까? (Case 3)

그렇다. 비록 시황에 따라 조정은 하였지만 자판기는 제대로 동작한 것임을 여러분은 아실 것이다.

각 시나리오에 대응하는 함수의 경우를 대비시켜 놓은 것처럼, 학생들이 외우고 있었던 대표적인 함수의 경우들은, 함수란 용어가 담고 있는 기능의 의미로부터 자연스럽게 나오는 것들이다. 즉 의미를 제대로 이해하고 있다면, 몇 가지 형태들을 선정하여 생각을 제한하면서까지, 굳이 외울 필요가 없는 것이다.

그럼 이제는 함수의 수학적 함수의 정의도 왜 그렇게 기술되었는지 자연히 이해가 될 것이다.

- "정의된 모든 원소, 각각에 대하여 대응하는 함수값이 하나씩 존재할 때, 그것을 함수라 한다."

그래야만 함수란 용어가 가지는 뜻인, 기능을 제대로 수행하는 것이라 할 수 있기 때문이다.

이러한 함수의 기능을 수식으로 나타낸 것이 함수의 관계식이며, $y = f(x)$ 로 표현한다. 이 식을 해석하면, 정의된 원소 x가 들어오면, 주어진 기능 f를 수행하여, 그 변환된 결과값 f(x)를 대응하는 출력 원소 y에 대응시키는 것이다.

  구체적인 상상을 위해서, 변환되는 기능에 대한 간단한 예를 들어 보자.

- f(x) = 2x : 무언가 x가 들어오면, 그것을 2배를 한다.

- f(x) = 3x+1 : 무언가 x가 들어오면, 그것을 3배 한 후 1을 더한다.

- f(x) = x²−x+2 : 무언가 x가 들어오면, 그것을 제곱한 후 원래 값을 빼고, 그리고

  난 후 2을 더한다는 것을 뜻한다.

y = f(x) 로 주어지는 X에서 Y로의 함수, f : X → Y는 다음과 같이 정리될 수 있다.

- 정의역 : 함수의 입력으로 정의된 원소 x가 속하는 집합

- 공역 : 함수의 출력으로 정의된 원소 y가 속하는 집합

- 치역 : 각 입력 원소에 대한 주어진 함수의 변환값 f(x)에 대응되는 출력 원소들

        로만 이루어진 집합

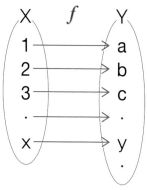

함수 f : X → Y, y = f(x)

    (단, x ∈ X, y ∈ Y)

- 생각의 과정을 통한 개념의 정리 :

  N : 자연수, Z : 정수, Q : 유리수, R : 실수 일 때,

  ① f : N → N, f(x) = 2^x 란 함수는 존재하는가? (존재한다)

  ② f : Z → Q, f(x) = 2^x 란 함수는 존재하는가? (존재한다)

  ③ f : Q → Q, f(x) = 2^x 란 함수는 존재하는가? (존재하지 않는다)

  ④ f : Q → R, f(x) = 2^x 란 함수는 존재하는가? (존재한다)

  ⑤ f : R → R, f(x) = 2^x 란 함수는 존재하는가? (존재한다)

2. 그래프에 대한 이해
- 관계를 그림으로 형상화하라

그래프란 무엇일까?

우선 아이들은 그래프의 형태적인 모습을 떠올리게 될 것이다. 그렇지만 그래프가 만들어 지는 원리와 형태적인 모습을 연결시켜서 제대로 이해하고 있는 아이들은 그리 많지 않다. 그래서 이미 배운 함수의 그래프는 거기에 맞게 그리는 방법을 익혔기 때문에 잘 그릴 수 있지만, 아직 배우지 않았거나 그리는 방법을 까먹은 사람은 해당 그래프를 아예 시도조차 하지 못한다.

그런데 처음부터 그래프를 다음과 같이 정의 내리고, 아이들을 훈련시키면 어떨까?

그래프의 정의 : 주어진 관계식을 만족하는 모든 점들을 좌표상에 나타낸 것

$y = f(x)$ 관계식(예: $y = x^5 - x^4 - x + 2$)이 몇 차로 주어지든 간에 아이들은 x값에 숫자를 바꿔가며 지정하면서 대응하는 y값을 쉽게 계산해 낼 수 있을 것이다. 즉 좌표상에 표시할 점에 해당하는 순서쌍 (x, y)를 쉽게 찾아낼 수 있다는 것이다. 그럼 그래프를 그리기 위해 이제 남은 것은 그러한 점들을 좌표상에 표시하는 것 뿐이다.

다만, 그래프의 특성을 알고 있다면, 아이들은 필요한 최소한의 점들만을 찾으면 될 것이고, 모른다면 보다 많은 점들을 찾아서 표시해야만, 정확한 그래프를 그려낼 수 있게 될 것이다.

비록 모를 경우라도, 다음과 같은 방법으로 추적해 나간다면, 보다 효과적으로 전체 그래프의 모습을 유추해 낼 수 있을 것이다.

① 정의역 구간으로부터 각 경계치 함수값에 대한 방향을 결정해 놓는다.

② 관계식의 형태로부터 알아낼 수 있는 경계값(정의역의 양끝값/최대값 또는 최

소값 등) 및 흐름을 찾아낸다.

→ 고2 이후 미분을 배운다면, 이 내용을 체계적으로 알아낼 수 있는 방법을 얻게 될 것이다.

③ 발견된 사항들을 기반으로, 전체 그래프를 결정하기 위해서 추가적으로 필요한 점들을 찾아내고, 그러한 점들에 대한 좌표값을 결정한다.

④ 찾아낸 사항들을 종합하여, 전체 그래프의 흐름을 유추한다.

그리고 함수를 방정식의 관점에서 해석한다면, 주어진 관계식을 만족하는 점에 해당하는 순서쌍 (x, y)는 방정식의 해에 해당하므로, 그래프는 관계식의 모든 해들을 좌표상에 표시한 것으로도 생각할 수 있어야 한다.

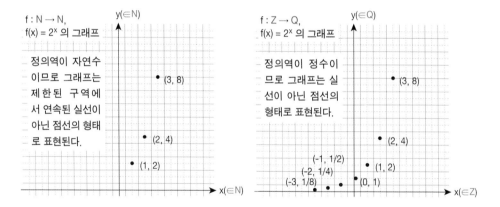

아이들은 이제 모든 그래프를 그릴 수 있게 되었다.

중요한 것은 이 사실이 아이들에게 새로운 함수를 접하는 것에 대한 많은 두려움을 없애 준다는 것이다.

물론 임의의 함수에 대해 일련의 점들을 찍고, 전체 그래프를 유추하는 연습을 통해, 실제 감각을 키우는 것이 필요하다.

- N : 자연수, Z : 정수, Q : 유리수, R : 실수

참고로, 함수의 특성, 표준형을 알면 최소한의 점들을 가지고도, 전체 그래프를 쉽게 유추할 수 있게 된다.

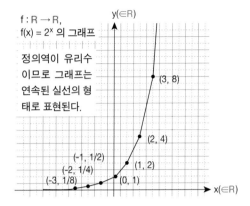

$f : R \rightarrow R,$
$f(x) = 2^x$ 의 그래프

정의역이 유리수이므로 그래프는 연속된 실선의 형태로 표현된다.

- 일차함수: 직선 → 임의의 점 2개

- 이차함수: 포물선 → 임의의 점 3개 또는 꼭지점과 다른 한점

- 삼차함수 → 임의의 점 4개

- …

지금까지 그래프가 무엇인지를 정의해 보고 그 의미를 따라 그래프를 그리는 기본적인 방법을 알아보았다. 표준 그래프로부터의 확장/변형 등에 관한 기본적인 원리를 이 책의 부록에 담아 두었으니, 꼭 그 익혀서 적극 활용하시기 바랍니다. 참고로 각 함수의 특성을 담고 있는 표준형 관계식 및 그 속성을 이용하여 그래프를 쉽게 그리는 방법은, 이 책의 남은 과정에서도 소개되겠지만, 학교에서는 아래와 같이 매 학년별로 한 두 개씩 다루게 될 것이다.

- 일차함수 : 중2 (도형: 직선/삼각형/사각형)

- 이차함수 : 중3 (도형: 포물선)

- 원의 방정식/지수함수/로그함수 : 고1/2 (도형: 원/곡선)

- 타원/쌍곡선 : 고2 (도형: 타원/쌍곡선)

그런데 위의 연결관계에서 보다시피 각각의 함수의 그래프는 특정 도형과 연관된다는 것을 알 수 있다. 즉 이것은 좌표를 이용하면, 도형의 변화를 함수의 그래프로 표현할 수 있다는 것을 의미한다. 말하자면 좌표를 이용한 함수적 해석은 관련 도형에 관한 기하학 문제를 해석학적으로 풀이하는 것을 가능하게 하였다는 것이다. 이

렇듯 유명한 철학자이기도 한 데카르트가 도입한 좌표는 기하학과 해석학을 접목시키는 가교 역할을 했다는 것에 역사적인 큰 의미가 있다 하겠다.

- 문제해결과정에 있어서의 형상화 도구 : 함수 그래프 그리기

어떤 문제를 접하든지, 상관없이 반드시 해야 하는 가장 중요한 선결과정이 목표와 주어진 조건을 분명히 하는 것이다. 즉 표준문제해결과정 중 내용/목표 형상화 과정에서, 주어진 조건들을 하나씩 수식으로 옮기고 나면, 결국 남는 것은 몇 개의 방정식과 부등식이 될 것이다. 그리고 이것들을 종합하여 형상화하는 방법이 밝혀진 조건에 해당하는 관계식들을 하나의 좌표평면상에 그래프로 통합하여 나타내는 것이다. 즉 주어진 관계식에 대한 그래프를 자유자재로 그릴 수 있다는 뜻은 형상화를 통해 그 문제의 내용을 쉽게 이해하고 풀이해 나갈 수 있다는 것을 의미하므로, 임의의 함수에 대한 그래프를 그리는 방법은 문제해결을 위한 가장 중요한 도구라 할 것이다.

3. 일차함수의 이해

　일차함수란 f : R → R, y = f(x)에서 f(x)가 x에 관한 일차식으로 표현된다는 것을 의미한다.

　즉 함수의 관계식이 y = ax+b (a, b는 상수) 형태가 된다.

　그런데 a, b에 임의의 숫자를 상정하고, 주어진 관계식을 만족하는 모든 점들을 좌표상에 표시하면, 직선의 모양이 나타남을 알 수 있을 것이다.

　그럼 이러한 일차함수식이 직선의 기하학적인 성질과 어떻게 관련이 있는지 살펴보자.

　기하학적으로 직선의 결정요소는 2개의 서로 다른 점이다.

　즉 하나의 점을 지나는 직선은 무수히 많으나, 두 개의 점을 지나는 직선은 오직 하나라는 뜻이다.

　그런데 여기서 기울기라는 개념을 도입하여 직선을 결정하는 또 다른 기하학적인 표현을 알아보자.

　기울기란 용어의 의미는 말 그대로 기울어진 정도를 뜻한다.

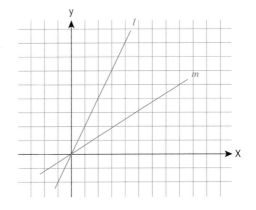

　그럼 우측 그림의 예를 들어 어떻게 서로 다른 직선의 기울어진 정도를 숫자로 표현할 수 있을까 학생들에게 잠시 고민해 보도록 하자.

　몇몇 관심을 갖고 깊이 생각한 학생들은 나름의 방법을 생각해 낼 것이다.

　어떤 학생은 각도를 이야기하기도 하

고, 어떤 학생은 일정한 기준점 위에서 올라간 높이를 이야기할 것이다.

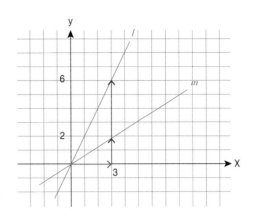

두 가지 모두 훌륭한 방법임을 칭찬한 후, 각도기가 없이 자를 가지고만 있을 경우를 상정하여, 후자의 방법을 가지고 계속 논의를 이끌어 가도록 한다.

이 방법으로 기울기를 수식으로 표현하면,

$\dfrac{\triangle y}{\triangle x}$ 가 된다.

그럼 직선 l은 6/3 = 2, m은 2/3가 된다. 만약 다른 지점을 기준으로 삼으면 어떻게 될까?

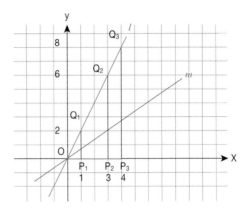

직선의 기울기는 일정한데, 위의 식으로 계산한 기울기 값도 같은 값이 나올까? 만약 그렇다면 왜 그럴지 생각해 보게 하자.

x축 위의 세 점 P_1, P_2, P_3 과 l 위의 세 점 Q_1, Q_2, Q_3을 가지고 직선 만들어지는 삼각형 $\triangle OP_1Q_1$, $\triangle OP_2Q_2$, $\triangle OP_3Q_3$는 서로 닮은 삼각형이다. 즉 하나를 기준으로 k배 확대 또는 축소하면 다른 삼각형과 같아진다는 것이다.

$\triangle OP_1Q_1$ 으로부터의 확대 비율이 각각 k_1, k_2 로 가정할 경우,

선분 OP_2 = $k_1 \times$선분 OP_1, 선분 P_2Q_2 = $k_1 \times$선분 P_1Q_1이 되고,

선분 OP_3 = $k_2 \times$선분 OP_1, 선분 P_3Q_3 = $k_2 \times$선분 P_1Q_1가 되므로,

$$기울기 = \frac{\overline{P_1Q_1}}{\overline{OP_1}} = \frac{\overline{P_2Q_2}}{\overline{OP_2}}\frac{(K_1 \times \overline{P_1Q_1})}{(K_1 \times \overline{OP_1})} = \frac{\overline{P_3Q_3}}{\overline{OP_3}}\frac{(K_2 \times \overline{P_1Q_1})}{(K_2 \times \overline{OP_1})}$$ 가 되어,

항상 일정한 값 2를 갖게 되는 것이다.

즉 직선의 성질처럼, 어느 지점을 기준으로 선택하든, 기울기는 항상 같게 나오는 것이다.

이제 위 내용을 함수식의 관계에서 살펴보자. 원점을 지나는 직선 l의 관계식은 y = 2x가 된다.

그리고 한 점을 원점으로 하고, 대응하는 나머지 한 점을 Q_1, Q_2, Q_3로 놓고 기울기를 계산해 보면,

$$기울기 = \frac{\Delta y}{\Delta x} = \frac{2-0}{1-0} = \frac{6-0}{3-0} = \frac{8-0}{4-0} = \frac{2x-0}{x-0} = 2$$ 가 되어 같은 결과를 얻게 된다.

또한 이 직선을 x축, y축 어느 방향으로 평행이동 하더라도, 기울기는 변하지 않게 된다. 즉 이 말은 직선상의 임의의 두 점을 선택하여, 기울기를 계산하더라도 그 값은 항상 일정한 값을 가진다는 것을 뜻한다 하겠다.

이 내용을 일반화하여 함수식의 관계에서 살펴보면,

일차함수 y = ax+b에서 x의 계수 a는 이 함수식이 나타내는 도형인 직선의 기울기를 나타낸다.

왜냐하면 이 직선상의 두 점 (0, b)와 (x, ax+b)에 대하여 기울기를 계산해 보면,

$$\frac{\Delta y}{\Delta x} = \frac{(ax+b)-b}{x-o} = a$$ 가 되는 것을 쉽게 알 수 있기 때문이다.

이 시점에서 직선의 결정요소를 상기해 보자.

- 서로 다른 두 점을 지나는 직선은 오직 한 개이다.

이제 기울기를 이용하여 또 다른 묘사 방법을 하나 더 추가할 수 있을 것이다.

- 한 점을 지나고, 기울기가 a인 직선은 오직 한 개 이다.

일반적으로 해석하면, 하나의 점 또는 기울기는 각각 하나의 정보에 해당한다 하겠다. 즉 직선을 결정하기 위해서는 서로 다른 두 개의 정보를 필요로 하는데, 그것이 일차함수식 $y = ax+b$에서 정해야 할 미지수가 a, b 2개인 까닭이라 하겠다. 따라서 일차함수식이 단지 하나의 미지수만을 가지고 표현되어 있다면, 그것은 이미 하나의 정보(한 점 또는 기울기)가 결정되어 있다는 것을 의미한다. 예를 들어 $y = ax-a+2$로 표현되는 일차함수는 기울기가 변화더라도 항상 (1, 2)점을 지나게 되는 것이다. 이 점은 주어진 식을 a에 관한 항등식으로 보고 풀면, 쉽게 찾아낼 수 있을 것이다.

4. 이차함수의 이해

이차함수란 $f : R \rightarrow R$, $y = f(x)$에서 $f(x)$가 x에 관한 이차식으로 표현된다는 것을 의미한다. 즉 함수의 관계식이 $y = ax^2+bx+c$ (a, b, c는 상수) 형태가 된다.

그런데 a, b, c에 임의의 숫자를 상정한 후, 주어진 관계식을 만족하는 모든 점들을 좌표상에 표시하면, 포물선의 모양이 나타남을 알 수 있을 것이다.

그럼 이 이러한 이차함수식이 포물선의 기하학적인 특징과 어떻게 관련이 있는지 살펴보자.

포물선의 기하학적 특징:

- 포물선은 대칭축을 중심으로 좌우가 같은 모습을 띠고 있다.

- 대칭축을 중심으로 좌우로 퍼진 정도에 다라 포물선의 종류가 결정된다.

- 하나의 좌표평면상에서 꼭지점의 위치에 따라 포물선의 시작 위치가 결정된다.

이차함수의 일반식을 제곱식 꼴로 변형하여, 위의 기하학적 특징을 표현한 식이 이차함수의 표준형이다.

$$f(x) = ax^2 + bx + c = a\left(x + \frac{b}{2a}\right)^2 - \frac{b^2 - 4a}{4a} = a(x - p)^2 + q \cdots \left(p = -\frac{b}{2a}, q = -\frac{b^2 - 4ac}{4a}\right)$$

- 대칭축 : $x = -b/2a$ (대칭축을 중심으로 좌우가 같은 모습을 띤다.)

- 기울기 : 이차항의 계수 a 로서 포물선의 방향 및 좌우로 퍼진 정도를 나타냄

　　　　→ $a > 0$: 아래로 볼록, $a < 0$: 위로 볼록

　　　　→ a의 절대값이 클수록 포물선의 폭이 좁아진다.

- 꼭지점의 위치 : $(p, q) = (-b/2a, -(b^2 - 4ac)/4a)$

위의 변형과정에서 알 수 있듯이,

기본적으로 모든 이차함수는 $y=ax^2$을 원시함수로 하여, 꼭지점의 위치를 평행 이동하여 얻어진 것으로 해석할 수 있다.

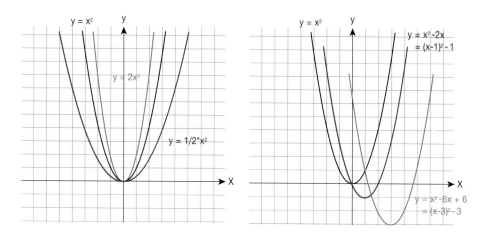

기하학적으로 포물선의 결정요소는 기본적으로 3개의 서로 다른 점이다. 왜냐하면 앞서 설명하였듯이 대칭축, 시작위치 그리고 기울기를 알아야 하기 때문이다. 그러나 꼭지점을 포함하고 있다면, 꼭지점과 또 다른 하나의 점이면 충분하다. 왜냐하면 꼭지점은 대칭축의 정보와 시작위치 정보 두 가지를 동시에 가지고 있으므로, 기울기를 알 수 있는 또 다른 점 하나면 모든 필요요소가 결정되기 때문이다.

일차함수의 경우와 마찬가지로, 이차함수 식 $y = ax^2+bx+c$에서 미지수가 3개인 까닭은 포물선을 결정하기 위해서는 일반적으로 3개의 점을 필요로 하기 때문이다. 따라서 이차함수식이 단지 하나 또는 두 개의 미지수만을 가지고 표현되어 있다면, 그것은 상응하는 정보가 이미 결정되었다는 것을 의미하므로 그것을 쉽게 찾아낼 수 있어야 한다.

예를 들어 $y = x^2-ax+2+a$로 표현되는 이차함수는 기울기가 1이고, (1, 3)을 지나는 포물선임을 알아낼 수 있다. 참고로 이 이차함수가 (1, 3)을 지난다는 사실은 주어진 관계식을 a에 관한 항등식으로 풀면 쉽게 알아낼 수 있다. 그리고 이 내용을 형상화해 보면 가능한 상황은 다음과 같다.

기울기와 한 점을 알고 있으므로, 남아 있는 것은 하나의 미지수로 연계된 대칭축과 시작위치이다. 즉 이 두 가지 정보를 동시에 담고 있는 꼭지점을 하나의 문자, a로 표현하여 그 궤적을 추적하면, 이 이차함수에 대한 가능한 상황이 형상화될 것이다.

$y = x^2-ax+2+a = (x-a/2)^2+2+a-a^2/4$ 이므로, 꼭지점의 위치는 $(a/2, 2+a-a^2/4)$ 이다.

$a/2 = x$, $2+a-a^2/4 = y$로 놓고, 꼭지점의 자취를 x, y 관계식으로 나타내 보면, $y = -x^2+2x+2$가 된다.

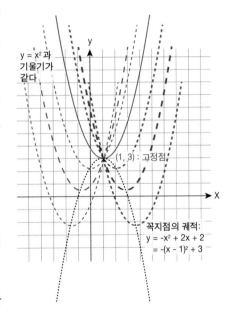

이것을 종합하여 좌표상에 표현해 보면,
- 검정색 점선 포물선 : 가능한 꼭지점의 궤도
- 녹색/짙은녹색 점선 포물선 : 가능한 함수의 그래프
　　　　　(기울기=1, 고정점 (1, 3))

5. 함수의 평행이동/대칭이동의 이해 : 관점의 차이에 대한 이해

$y = x^2 - 2x + 2$ ---------- ①

$b = a^2 - 2a + 2$ ---------- ②

$q = p^2 - 2p + 2$ ---------- ③

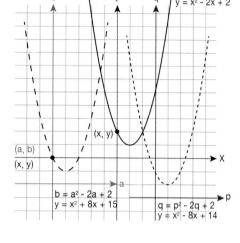

이 세 식은 같은 식일까? 다른 식일까?

여러분의 생각은 어떻습니까?

...... (생각중)

어떤 사람은 변수만 바꾼 같은 식이라 할 것이고, 어떤 사람은 변수가 다르니, 서로 다른 식이다 라고 할 것입니다. 과연 누가 맞을까요?

대답을 하면 둘 다 맞은 것도 아니지만, 둘 다 틀리지도 않습니다.

정리를 하면, 다음과 같습니다.

변수가 다르다는 것은 각자가 사용하는 기준이 다르다는 것을 말합니다. 즉 그래프에서 기준이 되는 좌표축, 보다 정확히는 평면상의 기준점인 원점의 상대적인 위치가 서로 다르다는 것을 의미합니다.

위의 그래프에서는 검정색, 녹색, 짙은녹색 좌표축이 그 내용을 표현하고 있습니다.

그렇지만, 각각의 기준에서 보면, 그래프의 궤적은 동일합니다. 즉 모두 같은 식인 것이지요.

만약 각자의 좌표계가 아닌, 하나의 기준좌표에서 다른 것들을 본다면 어떻게 될

까요? 아마도 다른 좌표계의 그래프는 기준점들의 상대적인 위치만큼 떨어져 있는 모습으로 보일 것입니다.

즉 원 함수의 그래프를, 기준점(/좌표축)의 이동만큼, 각각 (-5, -2), (3, -3) 씩 평행이동한 것이지요.

위의 그림에서 이것을 표현한 것이, 녹색/짙은녹색 함수식 아래에 있는 검정색 함수식입니다.

①번과 ②번 좌표계의 동일한 함수식을 가지고 이 과정을 식으로 표현해 보자.

①번 좌표계를 기준으로 본다면,

①번 함수의 임의의 점 (x, y)는 상응하는 ②번 좌표계의 점 (a, b)이자 ①번 함수의 임의의 점 (x', y')인 점으로 $(-5, -2)$만큼 이동한 것이 되어, 다음의 관계가 성립한다.

$(x', y') = (x-5, y-2) \rightarrow x' = x-5, y' = y-2 \rightarrow x = x'+5, y = y'+2$

이것을 주어진 ①번 함수식 $y = x^2-2x+2$에 대입하면,

$y'+2 = (x'+5)^2-2(x'+5)+2 - y' = (x'+5)^2-2(x'+5)+2-2 - y' = x'^2+8x'+15$

그리고 (x', y') 또한 ①번 좌표계의 점이므로 ,

이렇게 $(-5, -2)$만큼 평행이동한 함수식은 $y = x^2+8x+15$로 **표현할 수 있다.**

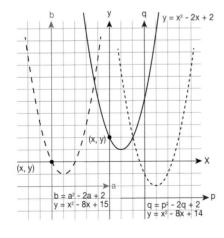

이 내용을 일반화하면,

$y = f(x)$를 동일한 좌표계에서 (a, b) 만큼,

즉 x축 방향으로 a 만큼, y축 방향으로 b

만큼 이동시킨 함수식은

$y = f(x)$에 $x \rightarrow x-a$, $y \rightarrow y-b$를 대입하

여 만들어진,

$y-b = f(x-a) \Rightarrow y = f(x-a)+b$가 된다.

비유하면, 이것은 마치 우리 사람들의 사는 모습과 같다.

우리들 각자의 인생에는 정의역은 노력이고 치역은 도파민이 나오는 동일한 행복함수 h(Happiness)가 있다.

그런데 어느 한 사람의 시각에서 바라보면, 우리 각자의 상대적인 시작위치는 모두 다르다. 그렇지만 각자의 화표계(x, y)/(a, b)/(p, q)에서의 행복에 대한 함수식은 동일하다.

모두는 각자가 처한 좌표계에서 나름의 삶을 살면서, 그 안에서 희로애락을 느낀다.

열심히 사는 사람도 있고, 그렇지 못한 사람도 있다.

같이 사는 세상이므로, 우리는 자신의 좌표계에서 어쩔 수 없이 다른 사람의 삶을 바라보게 된다.

그리고 그들의 속은 모르지만, 겉으로 나타나는 상대적인 위치를 비교하고, 스스로 기쁨과 좌절을 맛보기도 한다.

그렇지만 각자 다른 상대적인 위치는 서로 다른 경험을 하게 하는 것일 뿐이다라고 생각할 수 있다면, 현재의 위치에 대한 높고 낮음의 단순 비교를 가지고 기쁨과 좌절을 느낄 사안이 아닐 것이다. 그리고 만약 자신이 그러한 상대적인 위치 비교를 통해 기쁨과 좌절을 느끼고 있다면, 그것은 처음 시작위치의 다름에서 나온 박탈감이 아니라 그 이면에 있는 자신의 노력부재에 따른 자괴감을 달리 표현하고 있는 것이 아닐까? 진지하게 생각해보자.

자신을 진정 행복하게 느끼도록 만드는 것, 자신을 뿌듯하게 만드는 것은, 속에서부터 나온다.

즉 상대적인 단순 위치 비교가 아닌, 자신의 좌표계에서 노력했을 때 비로서 그만큼 얻어지는 것이다. 그것은 행복에 대한 인생의 함수가 동일하기 때문이다.

하나의 좌표계에서 남과 다른 시작위치를 가진 것에 대한 단순 비교로부터 오는 상대적인 박탈감에서 자유로울 수 있다면, 서로 다른 시작 위치, 다른 환경은 새로운 것을 맛보고 느낄 수 있는 기회를 주는 것으로 받아 들일 수 있을 것이다. 이것은 또 다른 발전을 위해 새로운 노하우를 얻을 기회를 가지는 것이다. 즉 편안함보다는 노력을 통해 행복을 느낄 수 있는 새로운 기회를 가지게 되는 것이다.

- 자신의 좌표계에서 행복에 대한 함수식 : $y = h(x)/b = h(a)/q = h(p)$
- 하나의 기준 좌표계에서 바라볼 때, 각자의 행복혜 대한 함수식 : $y = h(x)/y = h(x+5)-2 = h(x-3)-3$

03

도형(圖形)

1. 삼각형의 합동조건에 대한 이해

■ 삼각형의 결정요소에 대한 형상화 : 하나의 특정 삼각형을 만들려면 무엇을 알아야 할까?

1) 세 변의 길이가 주어질 때, (SSS)

① ——————————
② —————
③ ————

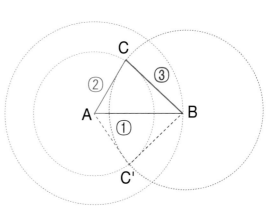

반대 방향에 만들어진 △ABC′는
△ABC와 똑같은 삼각형이다.

2) 두 변의 길이와 사이에 끼인 각이 주어질 때, (SAS)

① ——————————   ① ——————————
          + ③ ∠α   + ③ ∠β
② ———————   ② ———————

그러나, 두 변의 길
이와 한 각이 끼인 각
이 아닌 경우,

우측 그림과 같이,
서로 다른 두 삼각형
△ABC, △ABC'가
만들어 질 수 있다.
즉 하나의 삼각형을
결정할 수 없다.

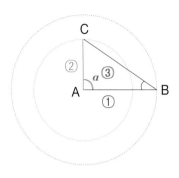
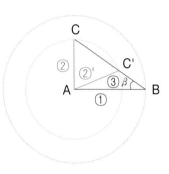

3) 한 변의 길이와 양 끝각이 주어질 때, (ASA)

① ——————————   ① ——————————
    + ② ∠α + ③ ∠β   + ② ∠α + ③ ∠β

그러나, 우측그림과
같이, 한 변의 길이와
양 끝각이 아닌 두 각
이 주어진 경우, 크기
가 다른 두 닮은 삼각
형 △ABC, △ABC'가
만들어 질 수 있다.

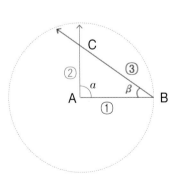
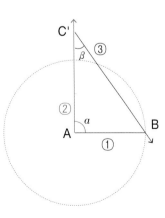

위의 내용은 중1 작도 시간에 배우는 것이지만, 안타깝게도 정확한 개념을 머리속에 형상화하고 있는 아이들은 그리 많지 않다.

두 삼각형이 합동이란 의미는 두 삼각형이 모양과 크기가 똑 같이 생겼다는 뜻이다. 즉 동일한 삼각형의 결정요소를 만족시킨다면, 두 삼각형은 합동이라 할 수 있는 것이다.

따라서 기본적인 세가지 합동조건은 삼각형의 결정요소와 같다.

① SSS 합동 : 세 변의 길이가 같을 때

② SAS 합동 : 두 변과 사이에 끼인 각이 같을 때

③ ASA 합동 : 한 변과 양 끝각이 같을 때

> S : Side의 약어로, 변을 뜻한다.
> A : Angle의 약어로 각을 뜻한다.

그리고 아래의 추가적인 두 합동조건은 위의 기본 합동조건에서 파생된 직각삼각형에 대한 합동조건이다.

① RHA 합동 : 빗변과 한 각이 같을 때

② RHS 합동 : 빗변과 한 변이 같을 때

> H : Hypotenuse의 약어로, 빗변을 뜻한다.
> R : Right Angle의 약어로 직각을 뜻한다.

- RHA 합동

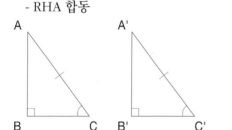

그러면 빗변을 한 변으로 하고 양 끝각이 같으므로 ASA 합동이 된다.

$$\Rightarrow \triangle ABC \equiv \triangle A'B'C'$$

(ASA합동)

$\angle A = \angle A'$ ($\because$ $\angle A = 90° - \angle C = \angle A'$)

- RHS 합동

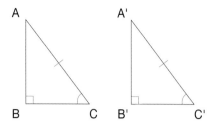

우측그림과 같이 두 삼각형의 선분AB와
A'B'를 공통변으로 맞대어 놓으면, △ACC'
는 이등변삼각형이 된다.

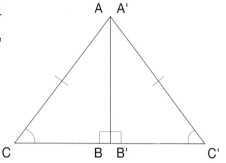

　→ ∠C = ∠C' → ∠A = ∠A' 그러면

⇒ △ABC ≡ △A'B'C'

　　(SAS합동)

따라서 직각삼각형의 경우에는, 합동조건으로서 끼인각 또는 양 끝각의 여부를
생각할 필요없이, 직각 이외에 대응하는 변 두 개 또는 변 하나와 각 하나만 서로 같
으면 서로 합동이 되는 것이다.

결과의 형상화는 그 내용을 다각도에서 정확히 알게 해 주고,
과정의 형상화는 부분의 재사용과 더불어 그 내용을 잊지 않도록 해 준다.

2. 닮음에 대한 이해

닮음이란 무엇일까? 일반적으로는 생긴 모양새가 비슷함을 뜻할 것이다. 그러면 수학에서 도형의 닮음은 어떻게 정의 내릴 수 있을까? 잠시 생각해 보자.

수학에서 두 도형이 닮았다는 것은 "하나의 도형을 일정한 비율로 축소 또는 확대해서 다른 도형을 만들 수 있다"는 것을 의미한다.

즉 닮은 두 도형은 모양이 똑 같고, 크기만 다른 것이다.

그렇기 때문에 닮음의 의미로부터 자연스럽게 알 수 있는 사실은 닮은 두 도형은 대응하는 모든 각의 크기가 똑 같을 것이며, 대응하는 길이의 비 또한 일정한 비율로 똑 같다는 것이다.

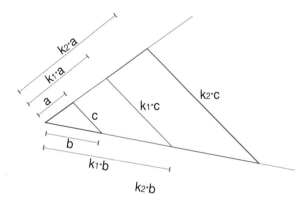

다음은 이 내용을 형상화 해 본 것이다.

좌측 그림에서 녹색 삼각형은 검정색 삼각형을 k_1배 한 것이며, 짙은녹색 삼각형은 검정색 삼각형을 k_2배 한 것이다.

각 삼각형은 대응하는 각의 크기가 모두 같을 뿐 아니라, 대응하는 길이의 비 또한 배율만큼 항상 일정한 것을 알 수 있다.

$a : k_1a = b : k_1b = c : k_1c = k_1$

$a : k_2a = b : k_2b = c : k_2c = k_2$

또한 각 삼각형 자체 변 끼리의 길이의 비 역시 일정하다.

$a : b = k_1a : k_1b = k_2a : k_2b$

$$a : c = k_1c : k_1c = k_2c : k_2c$$
$$b : c = k_1b : k_1c = k_2b : k_2c$$

합동은 닮음의 한 종류로서, 닮음비가 1인 경우이다.

말하자면, 닮은 삼각형은 길이의 비를 조정함으로써 다른 삼각형과 합동이 되게 만들 수 있는 것이다. 즉 길이를 길이의 비로 대신함으로써, 삼각형의 합동조건은 삼각형의 닮음 조건으로 확장시켜 적용할 수 있다.

① SSS 닮음 : 세 변의 길이의 비가 같을 때

② SAS 닮음 : 두 변의 길이의 비가 같고 그 사이에 끼인 각의 크기가 같을 때

③ AA 닮음 : 두 각의 크기가 같을 때

의문 : 닮음에 관한 도형이론은 왜 삼각형만을 다룰까?

닮은 도형이란 기준이 되는 한 도형을 일정한 비율로 축소/확대 한 것이라 하였다. 그래서 두 닮은 도형에 대해 크기의 비교하면, 전체적인 비율 뿐만 아니라, 임의의 대응부분에 대한 비율 또한 일정할 수 밖에 없다. 역으로 생각해 보면, 도형을 이루는 모든 대응 부분들에 대한 비율이 같다면, 전체 도형은 닮을 수 밖에 없을 것이다. 삼각형을 결정하는 세 부분 선분을 이용한 SSS 닮음도 그러한 이치이니 말이다.

그런데 우측 그림과 같이, 임의의 도형은 각 부분이 삼각형이 되게 쪼갤 수 있다. 따라서 각 부분인 삼각형에 대한 닮음을 증명할 수 있다면, 자연히 전체에 대한 닮음도 증명할 수 있다는 것을 의미한다 하겠다.

이것이 닮음에 대한 도형이론을 삼각형만 다루

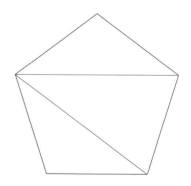

어도 되는 이유일 것이다.

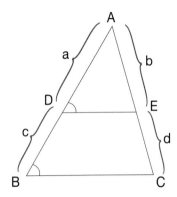

이제 닮음에서 가장 많이 나오는 삼각형의 대표적인 정리에 대해 살펴보자.

좌측 그림에서, ∠D = ∠B ⇒ △ABC ∝ △ADE (AA닮음) 따라서 a : (a+c) = b : (b+d)는 대응변의 길이의 비로서 쉽게 알 수 있다.

그런데 a : c = b : d 는 어떨까?

우리는 이것이 성립함을 대수적(/방정식)으로도 풀 수 있다. 그러나 이것은 과정의 형상화가 어려워, 시간이 지나면 쉽게 잊고 만다.

그런데 우측의 그림처럼, ∠BDF = ∠DAE 되게 녹색 평행선을 그으면,

⇒ △DBF ∝ △ADE (AA닮음)

⇒ 선분EC = 선분DF (▱DFCE 평행사변형)

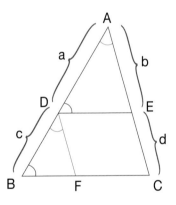

따라서 닮은 도형에 대한 대응변의 길이의 비로서 a : c = b : d가 되는 과정을 형상화 할 수 있다.

그만큼 잘 안 잊게 될 것이다.

※ 생각의 전환/발상

(문제) ad = bc 또는 a^2 = bc을 증명하라고 하면, 접근방식으로 떠오르는 것은?

→ 대부분의 경우, 일차적으로 떠오르는 생각으로, 미지수에 해당하는 것을 하나씩 찾아서, 그것을 대입하여 해결하려고 할 것이다. 그런데 주어진 정보가 적을

경우, 이러한 접근방식으로 문제를 해결하기가 쉽지 않다.

이제 생각을 전환하여, 형태가 가지는 성질을 이용해 보자.

말하자면 형태라는 문맥에 포함된 숨어 있는 조건을 찾아서 이용하는 것이다.

관계식 $ad = bc$ ⇔ 비례식 $a : b = c : d$ (마찬가지로, 관계식 $a^2 = bc$ ⇔ 비례식 $a : b = c : a$)

그리고 이러한 비례식은 도형의 닮음과 관련되어 있으므로, a, b, c, d를 대응하는 변으로 가지는 두 개의 닮은 삼각형을 찾는 다면,

위의 증명은 쉽게 풀어갈 수 있을 것이다.

3. 이등변삼각형에 관한 정리 증명과정을 통한 문제해결을 위한 접근 방식/사고과정의 이해

- "이등변 삼각형은 양 끝 각의 크기가 같다"의 증명과정

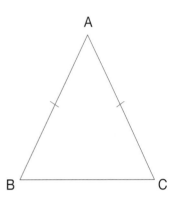

우측 그림과 같이 양변의 길이가 같은 삼각형을 용어의 의미 그대로 이등변 삼각형이라 한다.

그리고 우리는 이등변 삼각형의 양 끝각의 크기는 같다고 알고 있다.

그렇지만 왜 같은 지 물어보면, 제대로 대답하는 사람은 그리 많지 않다.

그것은 그 동안 학교나 학원에서 눈에 잘 보이지 않는 왜에 대한 생각과 그것을 풀어가는 생각의 과정에 대한 중요성을 강조하고 그것을 훈련시키기 보다는 눈에 보이는 결과적인 내용의 전달에 더 크게 의미를 두어서 그렇지 않나 생각한다.

공부는 왜 하는 것일까?
- 단지 좋은 시험 결과만을 위해 필요 지식을 습득할 목적으로, 아니면
- 생각의 과정을 훈련하여, 똑똑해 지기 위해서 그리고 자연스러운 귀결로 평가시험을 잘 보려고

다시 한번 생각해 보자. 아이들은 왜 공부하는 지 그리고 선생님들은 어떻게 가르쳐야 하는지 …

본론으로 돌아가, 아이들은 이등변삼각형의 양 끝각의 크기가 같다는 것을 다만 형태상 그럴 것이다 라고 예상해 보고, 그냥 내용을 외우는 방식으로 이 이론을 습득하는 것이다. 그렇지만 이렇게 받아들인 내용은 귀납법적인 추론, 즉 아직은 빈자

리가 있을 수 있는 가설에 불과한 것으로서, 아이들 스스로도 믿지 못할 여지를 남겨 놓게 된다. 그래서 자연히 이렇게 외워서 습득한 이론은 알고 있는 하나의 사실에 불과할 뿐, 새로운 이론의 공부를 위한 기반/배경 이론으로서 잘 사용되지 못하는 것이다.

물론 지금 예를 들고 있는 이등변삼각형 이론은 내용도 간단하고, 자주 이용되어 반복학습에 의한 자연스런 세뇌가 되었을 것이므로, 대부분의 아이들은 이러한 논지에서 벗어나 있을 수 있다. 그러나 상대적으로 복잡한 이론이나 반복학습 기회가 적은 대부분의 이론들은 위의 논지에서 자유로울 수 없을 것이다.

그럼 지금부터 누구나 믿을 수 있도록, 아니 아이들 자신부터 명확히 믿고, 그것을 자신의 기반이론으로 쌓아갈 수 있도록, 위 사실에 대한 연역적인 증명과정을 이끌어 내보자. 그리고 그로부터 문제해결을 위한 실마리를 찾아가는 생각의 흐름/과정을 느껴보도록 하자.

정리 : "이등변 삼각형의 양 끝각의 크기는 같다."

증명을 위한 사고의 과정

처음 문제를 접하면, 빨리/쉽게 해결하려는 조급함이 앞서, 주변상황을 꼼꼼히 보지 않고, 지름길을 찾으려고 하는 것이 사람의 인지 상정일지 모르겠다. 그러한 사고 행동중의 하나가 깊이 있는 사고를 필요로 하는 문제에서 자세한 상황에 대한 분석 없이 몇 가지 드러나는 사실만을 가지고 알고 있는 유사한 패턴을 찾아서 이 문제에 적용하려는 방식이다. 그런데 알고 있는 사항 중 유사한 패턴이 없거나, 찾아내서 적용하는 패턴이 잘 맞아 떨어지지 않을 경우, 무척 당황하며 미궁에 빠지게 된다.

- 패턴은 상황이 잘 맞아 떨어질 경우 실행 시간 절약에 많은 도움을 주나, 그렇지 못할 경우 오히려 악재가 될 수 있다. 즉 정확한 상황분석 및 논리적 사고를 통해

맞는 패턴을 찾아 내는 것이 패턴 적용 에 앞서 해야 하는 일인 것이다.

(상황의 정리: 내용 및 목표 형상화)

우선 목표는 무엇이고, 내가 무엇을 가지고 있는지 현재 상황을 정리해보자.

두 각의 크기가 같다는 것을 보여야 하는 데, 가진 내용이라곤 두 변의 길이가 같다는 것 뿐이다.

(실마리/접근방법 찾기 : 이론 적용)

1. 현재 주어진 상황 판단 : 여기서 판단 할 수 있는 것은 주어진 조건이 적어서 일반적인 방정식 접근방법으로는 문제를 해결할 수 없다는 것이다.

2. 해결 방향 모색 : 그럼 도형 관련하여 배운 이론 중 관련있는 것을 찾는다. 예를 들어 닮음/합동을 통해 대응하는 각의 크기가 같다는 것을 이용하는 것이다.

3. 방향에 따른 상황 재 판단 : 그런데 닮음/합동을 이용하려면, 도형이 두 개 있어야 하는 데, 현재 도형은 하나 밖에 없다는 사실을 인지한다.

4. 효율적 실행 방향 모색 : 따라서 여기서 생각할 수 있는 방법은 확장을 통해 도형을 두 개로 만드는 것이다. 그러면 확장의 방향은 어떻게 해야 할까? 일차적으로 효율성을 위하여 현재 주어진 조건을 이용하는 방향으로 찾아야 한다. 즉 두 변과 두 각을 하나씩 포함하는 도형 두 개를 만드는 방법을 찾아야 하는 것이다.

이렇게까지 생각을 전개할 수 있으면, 자연스럽게 아래의 실행에 이르게 될 것이다.

다음 두 방법 중 어느 것을 선택해도 무방하다 목표지점까지 가는 길은 많을 수 있으니까…

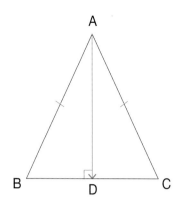
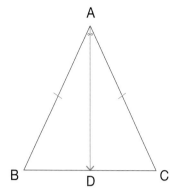

좌측은 수선을 내려서 도형 두 개를 만들었고,

우측은 각의 이등분선을 내려서 도형 두 개를 만들었다.

〈실행1: 좌측〉   〈실행2: 우측〉

$\triangle ABD \equiv \triangle ACD$ (RHS 합동) $\triangle ABD \equiv \triangle ACD$ (SAS 합동)

$\Rightarrow \therefore \angle B = \angle C$ $\Rightarrow \therefore \angle B = \angle C$

처음에는 이런 방식으로 이론을 공부하는 것이 시간이 더디고 답답하게 느껴질 수도 있을 것이다.

그렇지만 이론에 대한 이러한 공부방식은 다음을 장점을 가지고 있다.

- 이론을 가장 정확하게 이해하고, 오래 기억하는 방법이다.

  그냥 외운 것은 쉽게 잊혀 진다. 그러나 이해한 것은 연결된 끈이 많으므로 오래 기억된다.

- 이론의 증명과정에서 신규이론과 배경 이론들과의 연결 및 반복 적용 훈련이 자연스럽게 이루어 진다.

  → 이론지도의 생성 및 확장

- 이론 공부를 통해 아울러 문제해결을 위한 논리적인 사고과정에 대한 훈련을 하게 된다.

4. 삼각형의 내심/외심/무게중심

 - 왜 한 점에서 만날까?

 - 과정의 이해를 통한 자연스런 의미의 발견

이번에는 삼각형의 내부 성질에 대해 알아보도록 하자.

- 기본적인 것으로는 삼각형의 두 변의 길이의 합은 나머지 한 변의 길이보다 크다.

- 세 내각의 합은 $180°$이다.

를 들 수 있다.

지금까지 공부해 온 과정이 이제 어느 정도 익숙해 졌다면, 여러분은 자연스럽게 왜 라는 질문을 던질 것이고 스스로 답을 하고 있을 것이다. 그래야 제대로 이해한 것이니까… 여기에 대한 답변은 각자에게 맡기고, 이번 주제에서는 좀더 깊이 있는 삼각형의 성질에 대해 알아볼 것이다.

1) 삼각형의 내심

 - 정의 : 삼각형 세 꼭지각의 이등분선의 교점을 내심이라 한다.

두 가지 의문이 생긴다.

첫째는 두 꼭지각의 이등분선이 하나의 교점을 만나는 것은 상상이 가는데, 나머지 한 꼭지각의 이등분선이 그 교점을 지난다는 것이 신기하다. 정말 그럴까?

둘째는 그 교점의 이름이 왜 하필 내심으로 붙여졌을까? 그리고 그 용어의 의미는 무엇일까?

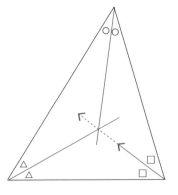

지금부터 하나씩 질문에 답해가는 과정을 통해, 삼각형의 내심에 대해 이해해 보도록 하자.

첫 번째 질문에 답을 하기 위해서는 어떻게 해야 할 지 생각해 보자.

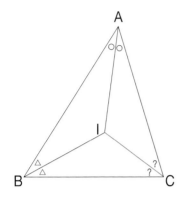

한 가지 접근방법은 우선 두 꼭지각의 이등분선으로 교점을 만들고, 그 교점에서 나머지 한 꼭지점에 선분을 그어서 만들어지는 두 각의 크기가 같음을 보임을 될 것이다. (좌측 그림 참조)

그런데, 구체적인 각의 크기정보가 없으므로 방정식을 세워 풀기는 어렵다. 따라서 두 각을 각각 포함하는 두 삼각형을 만들어 합동/닮음을 이용하는 방법을 찾아야 할 것이다. (우측 그림 참조)

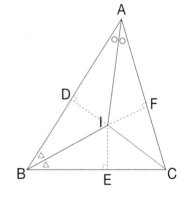

이렇게 해서 만들어진 두 삼각형이 △IEC 와 △IFC 인데, 현재까지 알고 있는 정보는 직각과 공통 변뿐이다. 이 두 삼각형의 합동을 증명하려면, 나머지 한 정보를 더 알아야 하는데, 현재 주어진 조건들을 살펴보니 선분IE 와 선분IF가 같을 것 같음을 보이는 것이 쉬울 것 같다.

즉, △IDA≡△IFA (RHA 합동) & △IDB≡△IEB (RHA 합동)

⇒ 선분IF = 선분ID = 선분IE

$$\therefore \triangle \text{IEC} \equiv \triangle \text{IFC (RHS 합동)} \Rightarrow \angle \text{ICE} = \angle \text{ICF}$$

이제 삼각형의 세 꼭지각의 이등분선의 교점은 한 점에서 만남이 증명이 되었다.

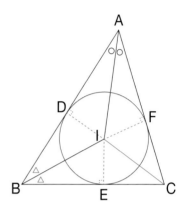

그리고 증명과정에서 교점 I에서 세 변에 그은 수선의 길이가 같음이 도출되었다.

선분IF = 선분ID = 선분IE

이 말은 교점 I가 우측 그림처럼 삼각형의 내접원의 중심임을 뜻한다.

이로서 왜 이름이 내심인지에 대한 두 번째 의문에 대한 답변이 자연스럽게 나온 것이다.

또한 선분AD = 선분AF, 선분BD = 선분BE, 선분CE = 선분CF 가 되는데,

이는 역으로 생각하여 원 밖의 한 점에서 원에 접선을 그었을 때, 생기는 두 접선의 길이는 항상 같다는 사실을 보여주고 있다.

이제 여러분은 삼각형의 내심에 대한 초기 이론지도를 갖추신 느낌이 드나요?

지금까지 이해한 내용을 정리하면, 다음과 같은 내심에 관한 이론간 초기 상관도를 얻을 수 있을 것이다.

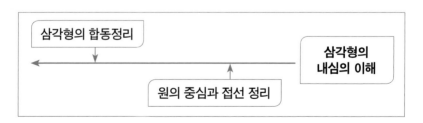

2) 삼각형의 외심

- 정의 : 삼각형 각 변의 수직이등분선의 교점을 외심이라 한다.

여기서도 마찬가지로 두 가지 의문이 생길 것이다.

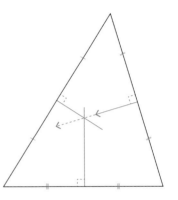

첫째는 두 변의 수직이등분선이 하나의 교점을 만
나는 것은 상상이 가는데, 나머지 한 변의
수직이등분선이 그 교점을 지난다는 것이
신기하다. 정말 그럴까?
둘째는 그 교점의 이름이 왜 하필 외심으로 붙여
졌을까? 그리고 그 용어의 의미는 무엇일까?

지금부터 하나씩 질문에 답해가는 과정을 통해, 삼각형의 외심에 대해 이해해 보
도록 하자.

첫 번째 질문에 답을 하기 위해서는 어떻게 해야 할 지 생각해 보자.

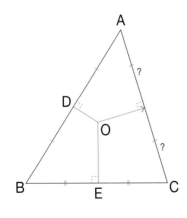

한 가지 접근방법은 우선 두 변의 수직이등분
선으로 교점을 만들고, 그 교점에서 나머지 한 변
에 수선을 그어서 나누어지는 두 이등분선의 크
기가 같음을 보임을 될 것이다. (좌측 그림 참조)

그런데, 구체적인 길이의 정보가 없으므로 방정식을 세워 풀기는 어렵다. 따라서 두 선분을 각각 포함하는 두 삼각형을 만들어 합동/닮음을 이용하는 방법을 찾아야 할 것이다. (우측 그림 참조)

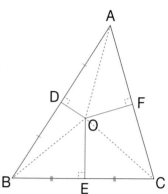

이렇게 해서 만들어진 두 삼각형이 △OFA와 △OFC인데, 현재까지 알고 있는 정보는 직각과 공통 변뿐이다. 이 두 삼각형의 합동을 증명하려면, 나머지 한 정보를 더 알아야 하는데, 현재 주어진 조건들을 살펴보니 선분OA와 선분OC가 같을 것 같음을 보이는 것이 쉬울 것 같다.

즉, 이미 알려진 조건들을 이용하여

△ODA≡△ODB (SAS 합동) & △OEB≡△OEC (SAS 합동)

⇒ 선분OA = 선분OB = 선분OC

∴ △OFA≡△OFC (RHS 합동) ⇒ 선분FA = 선분FC

이제 삼각형의 세 변의 수직이등분선의 교점은 한 점에서 만남이 증명이 되었다.

그리고 증명과정에서
교점 O에서 삼각형의 세 꼭지점에 그은 선분의 길이가 같음이 도출되었다.
- 선분OA = 선분OB = 선분OC

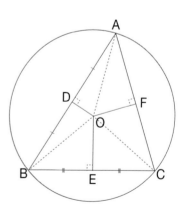

이 말은 교점 O가 우측 그림처럼 삼각형의 외접원의 중심임을 뜻한다.

이로서 왜 이름이 외심인지에 대한 두 번째 의문에 대한 답변이 자연스럽게 나온 것이다.

그리고 직각삼각형의 외심은 빗변의 중점에 있게 된다.

왜냐하면 원의 원주각/중심각 정리에 따라 지름현에 대한 원주각은 항상 90°인데, 임의의 직각삼각형은 빗변을 지름으로 하는 원에 내접하는 삼각형으로 볼 수 있기 때문이다. 예를 들어 우측 그림에서 직각인 ∠C가 지름현 선분 AB에 대한 원주각이 되는 것이다.

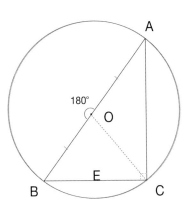

- 원의 원주각/중심각 정리 : 공통현에 대한 원주각의 크기는 항상 같고, 중심각의
   크기의 절반이다.

이렇게 이론간의 연계관계를 통해 확장되는 결과를 자연스럽게 이끌어내면, 이론의 내용을 일일이 외우지 않아도 되는 것이다.

지금까지 이해한 내용을 정리하면, 다음과 같은 외심에 관한 이론간 초기 상관도를 얻을 수 있을 것이다.

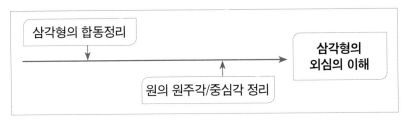

3) 삼각형의 무게중심

- 정의 : 삼각형 각 변의 중선의 교점을 무게중심이라 한다.

이제는 자연스럽게 두 가지 의문을 가질 것이다.

첫째는 두 변의 중선이 하나의 교점을 만나는 것은 상상이 가는데, 나머지 한 변의 중선이 그 교점을 지난다는 것이 신기하다. 정말 그럴까?

(- 중선 : 변의 중점과 마주보는 꼭지점을 연결한 선)

둘째는 그 교점의 이름이 왜 하필 무게중심으로 붙여졌을까? 그리고 그 용어의 의미는 무엇일까?

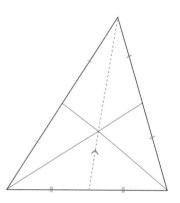

지금부터 하나씩 질문에 답해가는 과정을 통해 삼각형의 무게중심에 대해 이해해 보도록 하자.

첫 번째 질문에 답을 하기 위해서는 어떻게 해야 할 지 생각해 보자.

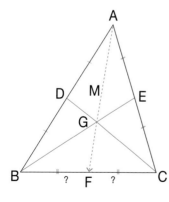

한 가지 접근방법은 우선 두 변의 중선으로 교점을 만들고, 나머지 한 꼭지점에서 그 교점을 지나는 반직선을 그었을때, 마주보는 변이 이등분됨을 보이는 것이다. (좌측 그림 참조)

그런데 구체적인 길이의 정보가 없으므로 방정식을
세워 풀기는 어렵다. 따라서 두 선분을 각각 포함하는
삼각형을 가지고, 닮음을 이용하는 방법을 찾아야 할
것이다. (우측 그림 참조)

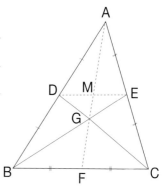

개괄적인 상황분석을 통해 1차적인 접근방법을 모색해보자.

이제 목표구체화 과정을 통해 증명이 필요한 것은 선분BF = 선분FC임을 알게 되
었다. 주어진 조건의 특성을 살펴볼 때, 이를 보이기 위한 접근방법으로 일단은 닮은
삼각형을 이용하는 방법을 찾아 봐야 하겠다.

여기에 주안점을 두고, 내용을 살펴보면

선분FB와 선분FC를 포함하는 삼각형으로 △GFB와 △GFC가 눈에 들어온다. 또
한 대응하는 닮음 삼각형으로 각각 △GME와 △GMD가 눈에 들어온다.

만약 △GFB ∝ △GME & △GFC ∝ △GMD 그리고 선분DM = 선분ME 이면, 선
분FB = 선분FC가 성립될 것이다. 조금더 구체화 해보면 두 쌍의 삼각형에 대한 닮음
을 보이기 위해서 필요한 것은 직선DE // 직선BC면 될 것이며, 선분DM = 선분ME
를 보이려면 또 다른 뭔가가 필요하다.

이제 나머지 조건들을 활용하여, 증명을 위한 접근 시나리오를 만들어 보자.

- △ADE ∝ △ABC (1 : 2 SAS닮음) ⇒ 직선DE // 직선BC

∴ △GFB ∝ △GME & △GFC ∝ △GMD

이제 필요한 것 중 하나를 얻었다.

또한 직선DE // 직선BC 하면,

- $\triangle GBC \propto \triangle GED$ (2 : 1 AA닮음) ⇒ 선분BG : 선분GE = 2 : 1,

　　　　　　　　　　　　선분CG : 선분GD = 2 : 1 이 된다.

- 선분BE, 선분CD는 중선 ⇒ S($\triangle$ABE) = S($\triangle$BCE),

　　　　　　　　　S($\triangle$CAD) = S($\triangle$CBD)

- 선분BG : 선분GE = 2 : 1 ⇒ S($\triangle$ABG) : S($\triangle$AGE) = 2 : 1

　　　　　　　　　⇒ S($\triangle$ABE) = 3×S($\triangle$AGE)

- 선분CG : 선분GD = 2 : 1 ⇒ S($\triangle$ACG) : S($\triangle$AGD) = 2 : 1

　　　　　　　　　⇒ S($\triangle$CAD) = 3×S($\triangle$AGD)

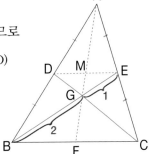

그런데 두 경우는 모두 같은 삼각형을 둘로 나눈 것이므로

⇒ S($\triangle$ABE) = S($\triangle$CAD) ⇒ ∴ S($\triangle$AGE) = S($\triangle$AGD)

이 두 삼각형은 밑변을 공유하므로, 높이가 같다는 것을 의미한다.

즉 선분GM을 밑변으로 보면, S($\triangle$GDM) = S($\triangle$GEM)가 됨을 알 수 있다. 그리고 이 두 삼각형은 선분DM 과 선분ME를 밑변으로 하고 높이가 같은 삼각형으로 재해석할 수 있으므로,

⇒ 선분DM = 선분ME

∴ 선분BF = 선분FC (∵ $\triangle$GFB $\propto$ $\triangle$GME & $\triangle$GFC $\propto$ $\triangle$GMD ⇒ 선분BF = 2 ×선분ME, 선분FC = 2×선분DM)

따라서 삼각형의 중선의 교점은 한 점에서 만남이 증명이 되었다.

또한 증명과정에서

즉 무게중심의 주요 성질 중 하나인 "삼각형의 무게중심은 중선을 2:1로 나눈다"

는 것을 자연스럽게 알게 되었다.

무게중심이란 용어의 의미는 해당 도형이 질량을 가졌을 경우 무게균형의 중심에 해당된다는 뜻인데, 질량밀도가 균일한 삼각형 도형의 경우에 대해, 각 변의 입장에서 비례적으로 무게의 중심을 표시해 나가서, 서로의 교점이 만다는 것을 무게중심으로 한다고 생각하면 조금은 이해해 볼 수 있지 않을까··

지금까지 이해한 내용을 정리하면,
다음과 같은 무게중심에 관한 이론간 초기 상관도를 얻을 수 있을 것이다.

5. 삼각형정리 증명과정을 통한, 난이도에 따른 문제해결과정의 이해

❶ 직각삼각형의 수선 정리

직각삼각형의 변의 길이의 비 정리 :

우측 그림과 같이, 직각삼각형 △ABC에서 꼭지각의 크기가 직각인 꼭지점 A에서 마주보는 변에 수선을 내리고, 그 교점을 H라 할 때,

다음의 관계가 성립한다.

① $\overline{AB}^2 = \overline{BH} \cdot \overline{BC}$

② $\overline{AC}^2 = \overline{CH} \cdot \overline{BC}$

③ $\overline{AB} \cdot \overline{AC} = \overline{AH} \cdot \overline{BC}$

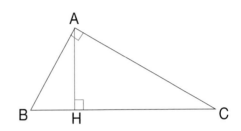

증명을 위한 사고의 과정

이번 정리는 주어진 조건을 이용해서 실마리를 찾아가는 기본 문제해결원리를 잘 적용하면, 쉽게 증명할 수 있는 비교적 난이도가 쉬운 문제이다. 이번 증명과정을 통해 어떤 것들이 조건이 될 수 있는지 그리고 그것을 이용해서 실마리를 찾아가는 방식을 알아보자.

(상황의 정리: 내용 및 목표 형상화)

우선 목표는 무엇이고, 내가 무엇을 가지고 있는지 현재 상황을 정리해보자.

주어진 조건은 ∠A와 ∠AHC가 직각이 전부인 비교적 간단한 상황이다. 그리고 목표는 주어진 관계식이 만족한다는 것을 보이는 것이다.

(실마리/접근방법 찾기 : 이론 적용)

1. 현재 주어진 상황 판단 : 가정으로 주어진 조건은 간단하지만, 목표 관계식에 사

용된 대상들 및 관계식의 형태 또한 이용할 조건으로 삼을 수 있음을 상기한다. 예를 들어 위의 목표관계식은 다음과 같이 변환하여 생각할 수 있다.

❶ $\overline{AB}^2 = \overline{BH} \cdot \overline{BC} \Leftrightarrow \overline{BH} : \overline{AB} = \overline{AB} : \overline{BC}$

❷ $\overline{AC}^2 = \overline{CH} \cdot \overline{BC} \Leftrightarrow \overline{CH} : \overline{AC} = \overline{AC} : \overline{BC}$

❸ $\overline{AB} \cdot \overline{AC} = \overline{AH} \cdot \overline{BC} \Leftrightarrow \overline{AB} : \overline{BC} = \overline{AH} : \overline{AC}$

> Cf. 참고로 이 과정은 목표구체화 과정에서 수행될 수도 있다.

2. **해결 방향 모색** : 변환된 비례식의 형태를 보니, 닮음비와 연관되어 있음을 알 수 있다. 따라서 관계식에 사용된 변들을 가진 닮음 삼각형 두 개를 찾는 것으로 해결방향을 잡는다.

여기까지 생각을 전개한다면, 자연스럽게 아래의 실행에 이르게 될 것이다.

(실행: 계획 및 실행)

효율성을 고려하여 순서에 따라 하나씩 실행한다.

① **번식 증명:**

1) 선분BH를 포함하는 삼각형 → △ABH, 선분BC를 포함하는 삼각형 → △ABC

2) △ABH ∝ △ABC (∵ 직각 하나와 ∠B가 공통 : AA닮음)

3) 닮음 삼각형은 대응변의 길이의 비가 같으므로,

❶ $\overline{BH} : \overline{AB} = \overline{AB} : \overline{BC} \Rightarrow \overline{AB}^2 = \overline{BH} \cdot \overline{BC}$

② **번식 증명:**

1) 선분CH를 포함하는 삼각형 → △AHC, 선분BC를 포함하는 삼각형 → △ABC

2) △AHC ∝ △ABC (∵ 직각 하나와 ∠C가 공통 : AA닮음)

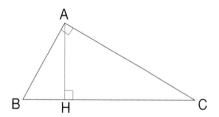

3) 닮음 삼각형은 대응변의 길이의 비가 같으므로,

❷ $\overline{CH} : \overline{AC} = \overline{AC} : \overline{BC} \Rightarrow \overline{AC}^2 = \overline{CH} \cdot \overline{BC}$

③ **번식 증명:**

1) 선분AB/BC를 포함하는 삼각형 → △ABC, 선분 AH/AC를 포함하는 삼각형 → △AHC

2) △ABC ∝ △AHC (∵ 직각 하나와 ∠C가 공통 : AA닮음)

3) 닮음 삼각형은 대응변의 길이의 비가 같으므로,

❸ $\overline{AB} : \overline{BC} = \overline{AH} : \overline{AC} \Rightarrow \overline{AB} \cdot \overline{AC} = \overline{AH} \cdot \overline{BC}$

이런 방식의 증명과정을 통해 이론을 공부했을 때의 장점을 한번 상기해 보자.

- 이론을 가장 정확하게 이해하고, 오래 기억하는 방법이다.

  그냥 외운 것은 쉽게 잊혀 진다. 그러나 이해한 것은 연결된 끈이 많으므로 오래 기억된다.

- 이론의 증명과정에서 신규이론과 배경 이론들과의 연결 및 반복 적용 훈련이 자연스럽게 이루어 진다.

  → 이론지도의 생성 및 확장

  → 닮은 삼각형 찾기 및 비례관계에 대한 적용연습

- 외운 풀이패턴에 의한 단순문제해결이 아닌, 상황분석과 주어진 조건을 이용해 논리적으로 실마리를 찾아가는 사고과정에 대한 훈련을 하게 된다.

또한 이번 증명과정에서 우리는 피타고라스 정리의 증명이란 또 다른 수확을 얻게 된다.

즉 ①식과 ②식을 합하면,

① $\overline{AB}^2 = \overline{BH} \cdot \overline{BC}$

② $\overline{AC}^2 = \overline{CH} \cdot \overline{BC}$

$\Rightarrow \overline{AB}^2 + \overline{AC}^2 = \overline{BH} \cdot \overline{BC} + \overline{CH} \cdot \overline{BC} = (\overline{BH} + \overline{CH}) \cdot \overline{BC} = \overline{BC}^2$

지금까지 이해한 내용을 정리하면,

다음과 같은 직각삼각형의 수선정리에 관한 이론간 초기 상관도를 얻을 수 있을 것이다.

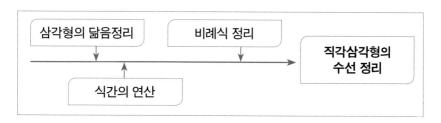

❷ 각의 이등분선 정리

각의 이등분선 정리 :

우측 그림과 같이 한 각의 이등분선과 마주보는 변과의 교점이 생길 때, 다음의 관계가 성립한다.

$\overline{AB} : \overline{AC} = \overline{BP} : \overline{PC}$

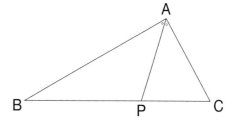

증명을 위한 사고의 과정

이번 정리는 주어진 조건을 이용해서 실마리를 찾아가는 기본 문제해결원리를 잘 적용하는 것은 물론, 한 단계 더 나아가 확장을 해야만 증명할 수 있는 비교적 난이도가 어려운 문제이다. 이번 증명과정을 통해 확장을 할 때는 어떤 방향으로 해야 하는 지 알아보자.

(상황의 정리: 내용 및 목표 형상화)

우선 목표는 무엇이고, 내가 무엇을 가지고 있는지 현재 상황을 정리해보자.

주어진 조건은 ∠BAP = ∠CAP이 전부인 간단한 상황이다. 그리고 목표는 주어진 관계식이 만족한다는 것을 보이는 것이다.

(실마리/접근방법 찾기 : 이론 적용)

1) 현재 주어진 상황 판단:

가정으로 주어진 조건은 간단하지만, 목표 관계식이 비례식 형태이므로 닮음비가 관련되어 있음을 알 수 있다. 따라서 관계식에 사용된 변들을 가진 닮음 삼각형 두 개를 찾는 것으로 해결방향을 잡는다. 그런데 문제는 현재 형상화된 모양 그대로를 가지고는 닮은 삼각형 후보들이 보이지 않는다는 것이다.

2) 해결 방향 모색:

① 닮음비와 관계가 있는데, 현재 구도로는 닮은 삼각형이 보이질 않으므로, 확장을 통해 닮은 삼각형을 만들어 내는 방법을 모색한다. 그러면 확장의 방향은 어떻게 해야 할까?

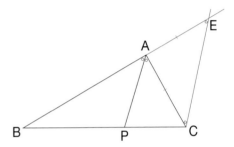

일차적으로 효율성을 생각한다면, 현재 주어진 조건을 이용해는 방향으로 찾아야 한다.

즉 두 각이 같음을 이용하면서 닮은 삼각형 두 개를 만드는 방법을 찾아야 하는 것이다.

② 각과 연관된 우리가 쉽게 떠올릴 수 있는 정리로는 평행선 정리(∵동위각/엇각의 크기가 같다)가 있다.

그것을 이용하여 한번 확장을 시도해 보자.

여기까지 생각을 전개한다면, 자연스럽게 아래의 실행에 이르게 될 것이다.

(실행: 계획 및 실행)

효율성을 고려하여 순서에 따라 하나씩 실행한다.

1) 평행선정리를 이용한 확장을 위하여 점C로부터 선분AP에 평행한 반직선을 긋

는다. 그리고 선분AB의 연장선과의 교점을 E라고 잡는다.

이렇게 확장하고 보니, 2개의 닮음 삼각형이 나타남을 알 수 있다.

→ △BPA ∝ △BCE

2) 평행선정리에 따라 ∠BAP = ∠BEC
   (동위각), ∠CAP = ∠ACE (엇각)

   ∴ 선분AC = 선분AE (∵ △ACE 이등
   변삼각형)

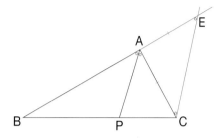

3) Step 1에서 △BPA ∝△BCE, Step 2에서 선분AC = 선분AE

→ $\overline{AB}$ ： $\overline{AE}$ = $\overline{BP}$ ： $\overline{PC}$ → $\overline{AB}$ ： $\overline{AC}$ = $\overline{BP}$ ： $\overline{PC}$

이런 방식의 증명과정을 통해 이론을 공부했을 때의 장점을 다시 한번 상기해 보자.

- 이론을 가장 정확하게 이해하고, 오래 기억하는 방법이다.

그냥 외운 것은 쉽게 잊혀 진다. 그러나 이해한 것은 연결된 끈이 많으므로 오래
기억된다.

- 이론의 증명과정에서 신규이론과 배경 이론들과 연결 및 반복 적용 훈련이 자연
  스럽게 이루어 진다.

    → 이론지도의 생성 및 확장

    → 닮은 삼각형 찾기, 평행선 정리 그리고 비례관계에 대한 적용연습

외운 풀이패턴에 의한 단순문제해결이 아닌, 상황분석과 주어진 조건을 이용해
논리적으로 실마리를 찾아가는 사고과정에 대한 훈련을 하게 된다. 더욱이 이번 증
명에서는 일차적으로 막힌 상황에서 문제해결 실마리를 찾기 위해 확장을 어떻게
해야 하는지 알아본 것이 큰 의미가 있다 하겠다.

지금까지 이해한 내용을 정리하면,

다음과 같은 각의 이등분선 정리에 관한 이론간 초기 상관도를 얻을 수 있을 것이다.

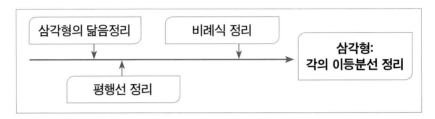

6. 원의 성질

이번에는 원이 가지는 특성에 대해 알아보자.

❶ 왜 원주각은 모두 같은가

■ 정리1: 공통현에 대한 원주각의 크기는 모두 같다.

위의 내용을 우측 그림과 같이 형상화해 보면, 공통현 AB에 대한 임의의 원주각에 대한 크기가 모두 같다란 말이다.

즉 $\angle P_1 = \angle P_2 = \angle P_3$

이것을 증명을 위해 어떻게 접근해야 할지 방향을 잡기 위해, 우선 주어진 상황을 정리 및 판단을 해 보자.

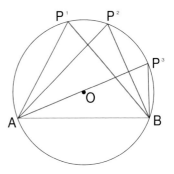

(상황 정리: 내용 및 목표형상화)

- 원주각을 만드는 P의 위치는 계속 바뀐다.

- 각의 크기에 대한 아무런 정보도 없다.

- 닮은 삼각형도 없다.

- 그런데 각 원주각의 크기를 비교해 보니, 정말 크기가 비슷해 보인다.

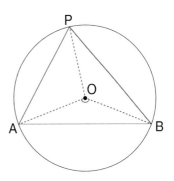

(접근방향에 대한 판단: 이론 적용)

- 원안에 내접한 삼각형의 한 각의 형태로 원주각이 형성되어 있으니, 원의 성질을

이용해야 할 것 같다. 구체적으로는 외심과 관련이 있어 보인다.

- 외심을 표현해 보면, 공통현 AB에 대해서 고정된 각으로서, 중심각 ∠AOB가 눈에 보인다.

- 그런데 P위치가 바뀌어도 공통현 AB에 대한 원주각의 크기가 항상 일정하다고 함으로, 이 원주각의 크기는 고정된 각인 중심각과 일정한 비례관계에 있어야 함을 추론할 수 있다.

방향을 바꾸어, 위의 추론된 내용이 정말인지 알아보자.

- 중심각의 크기가 x 일 때, 원주각의 크기는 얼마일까?

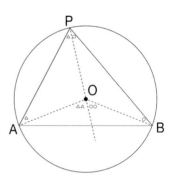

우측 그림에 표현된 것과 같이 원의 반지름은 모두 같으므로 내분된 세 삼각형은 이등변삼각형임을 알 수 있다.

즉 각 삼각형의 밑각의 크기는 같다.

그리고 중심각은 △AOP와 △BOP의 외각의 합이므로, ∴ 중심각 ∠AOB = $\frac{1}{2}$×원주각 ∠APB

그리고 오른쪽 그림에서 P의 위치에 특별한 제한을 둔 것이 아니므로, 공통현에 대한 모든 원주각 크기는 고정된 중심각의 크기에 반이 되는 것이다.

이로서 "정리: 공통현에 대한 모든 원주각의 크기는 같다"가 증명된 것이다.

그리고 외심정리에서 직각삼각형의 외심은 빗변의 중심에 있다는 이론과 자연스럽게 연결이 된다.

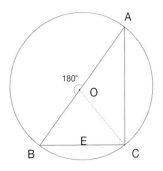

왜냐하면 직각삼각형은 오른쪽 그림과 같이, 원의 중심을 지나는 지름현을 빗변으로 하고 직각을 원주 각으로 가지는 (∵ 중심각이 $180°$), 원에 내접하는 삼 각형으로 볼 수 있기 때문이다.

❷ 원의 할선에 관한 곱의 정리 및 확장

■ 정리2: 우측 그림과 같이, 원 밖의 한 점 P에서 원에 두 개의 할선을 그었을 때, 다음의 등식이 성립한다.

$$\overline{PA} \cdot \overline{PB} = \overline{PC} \cdot \overline{PD}$$

(상황 정리: 내용 및 목표구체화)

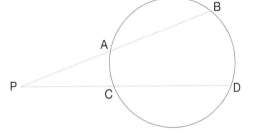

- 길이의 곱에 관한 식인데, 선분의 길이에 대한 아무런 정보도 없다.
- 각에 관한 구체적인 정보도 없다.
- 그런데 형상화된 내용을 가지고 각 선분 길이의 개략적인 크기의 곱을 비교해 보니, 얼추 비슷해 보인다.

(접근방향에 대한 판단: 이론 적용)

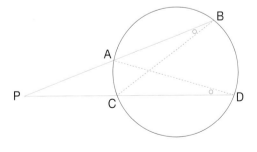

- 원 위에 그어진 할선이므로 원의 성질을 이용해야 할 것 같다.
- 특별히 주어진 정보가 없어, 목표 식의 형태를 관찰해 보니 닮음비 와 관련이 있음을 알 수 있다.

$$\overline{PA} \cdot \overline{PB} = \overline{PC} \cdot \overline{PD} \Rightarrow \overline{PA} : \overline{PC} = \overline{PD} : \overline{PB}$$

- 그러면 닮음비에 사용된 변을 가진 닮은 삼각형 두 개를 찾아야 하는데, 이때 원의 성질 중 각에 관련한 원주각 정리를 이용해야 겠다는 생각을 끌어낸다.

(전개)

- 닮음비에 사용된 대응변에 해당하는 선분PA와 PD 그리고 선분PC와 PB을 가지는 삼각형을 각각 찾는다. → △PAD, △PCB
- 두 삼각형이 닮음인지 확인한다.
  → ∠B와 ∠C는 공통현 AC에 해당하는 원주각이므로 서로 같다.
  → 그리고 ∠P는 공통이므로 △PAD ∝ △PCB

그리고 원의 두 번째 할선을 점점 내려서 원에 접하게 만든다면, 다음의 식도 성립함을 자연스럽게 추론할 수 있을 것이다.

$$\overline{PA} \cdot \overline{PB} = \overline{PT}^2$$

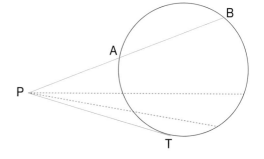

■ 정리3: 우측 그림과 같이, 원 밖의 한 점 P에서 원에 하나의 할선과 하나의 접선을 그렸을 때, 다음의 등식이 성립한다.

   I. ∠PTA = ∠PBT

   II. $\overline{PA} \cdot \overline{PB} = \overline{PT}^2$

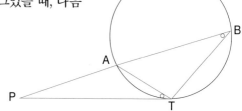

(상황 정리: 내용 및 목표구체화)

- 각에 관한 구체적인 정보가 없다.

  또한 선분의 길이에 대한 아무런 정보도 없다.

- 원의 할선과 접선이 주어져 있다.

  원의 접선이므로 접선과 접점과 원의 중점을 연결하는 직선이 서로 수직임을 알

  수 있다.

- 그런데 원의 할선 위치를 변경시켜가며 목표를 형상화해 보니, ∠PTA의 크기가

  커지면 ∠PBT의 크기도 같이 커지고, 크기도 얼추 비슷해 보인다.

(접근방향에 대한 판단: 이론 적용)

- 원 위에 그어진 할선과 접선이므로
  원의 성질을 이용해야 할 것 같다.

- 구체적인 값이 없이 두 각의 크기
  가 같음을 증명하는 방법으로서,
  닮음 두 삼각형을 이용하는 방법
  을 생각할 수 있는데, 그 대상으로

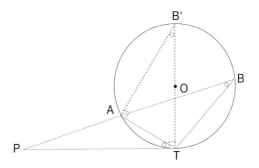

△PAT와 △PTB를 찾을 수 있다. 그런데 ∠P가 공통일 뿐, 변의 길이의 비 또는

다른 각의 정보등 닮음을 증명할 수 있는 추가적인 정보가 없다.

- 따라서 원의 성질을 이용해서 ∠PTA와 ∠PBT의 크기가 같음을 증명하는 것으

  로 방향을 잡는다.

(전개)

- 접선을 가지고 알 수 있는 수직 정보를, 우측그림처럼 구체적으로 형상화하여 표

  현한다.

- 이렇게 숨어 있던 내용을 구체적으로 표현하면, 추가적으로 ∠TAB'도 직각임이

드러나게 된다.

- ∠PTA+∠ATB' = 직각 = ∠AB'T+∠ATB' 이므로 ∠PTA = ∠AB'T임을 알 수
있다.

- 그리고 ∠AB'T와 ∠ABT는 공통현 AT에 대한 원주

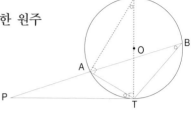

각이므로 서로 같다.

⇒ ∴ ∠PTA = ∠PBT

그리고 두 번째 목표식은

∠PTA = ∠PBT 임을 알게 됨게 따라,

→ △PAT ∝ △PTB (∵ AA닮음)

따라서 닮은 삼각형의 대응하는 길이의 비가 같음에 따라

$\overline{PA}$: $\overline{PT}$ = $\overline{PT}$: $\overline{PB}$ ⇒ $\overline{PA} \cdot \overline{PB} = \overline{PT}^2$

04

확률(確率)과 통계(統計)

1. 경우의 수
- 전체 사건의 구성방법 및 접근방법의 선택

경우의 수/확률 문제를 푸는 것을 특히 어려워하는 아이들이 많이 있다. 왜 그럴까?

그렇게 되는 대표적인 이유 중 하나는 효과적인 문제 해결을 위해서 어떻게 접근해야 할지 기준이 없기 때문이 아닐까 생각한다. 말하자면 그 동안은 나름의 기준을 가지고 문제를 접근했다기 보다는 그저 Case by case로 해당 문제에 맞는 접근 방법을 찾으려고 했다는 것이다.

원론으로 돌아가 경우의 수를 구한다는 것은 무엇일까? 그리고 왜 문제가 복잡해 지는 걸까? 생각해 보자.

만약 문제가 복잡해 지는 과정을 알아낼 수 있다면, 역으로 문제를 푸는 방법도 알아낼 수 있을 테니까 말이다.

일반적으로 경우의 수란 어떤 사건이 일어날 수 있는 경우의 가지 수를 말한다.

그런데 어떤 사건이 하나의 단일 사건인 경우는 경우의 수를 찾는 것이 그리 어려운 일이 아니다. 그런데 어떤 사건이 여러 개의 단일 사건들에 의한 복합적인 결합으로 구성되어 있다면 경우의 수를 찾는 것이 그리 쉬운 일이 아니게 된다.

즉 복합사건의 경우, 전체사건에 대한 구성을 파악해야만 문제를 효과적으로 접근할 수 있다.

이 내용을 길을 찾아가는 과정을 가지고 비유적으로 형상화해 보자.

우측 그림과 같이,

단일 사건은 A지점에서 B지점까지 직접 가는 방법의 수를 의미하며,

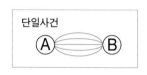

복합 사건은 A지점에서 B시점까지 가는 데 있어, 주어진 여러 개의 지점들을 거쳐서 가는 방법의 수를 의미한다.

즉 경우의 수를 구하는 문제는 주어진 상황에서 출발점부터 시작하여 목표지점까지 가는 방법의 수가 모두 몇 가지나 되는 지를 묻는 것으로 볼 수 있다.

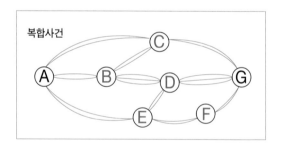

따라서 경우의 수를 구하는 문제를 효과적으로 풀기 위해서는,

① 우선 주어진 내용을 가지고, 전체 사건의 구도를 파악해 보는 것이 필요하다.

즉 내용형상화 과정이다. 그러면 전체 복잡도가 눈에 보이게 된다.

그리고 구체적인 이동방법의 수를 파악하기 위해서 다음의 순서로 작업을 진행한다.

② 목표지점을 기준으로 상호 이질적인 경로를 결정한다. 이것은 목표구체화 과정

에 해당한다.

→ A-C-G/A-D-G/A-F-G

③ 각 경로 별로 구체적인 지점을 표시하고, 지점간 이동 방법의 수를 표시한다.

→ 이때가 경우의 수에 관한 구체적인 이론들이 적용되는 시점이다.

즉 전체범위에서 막연하게 생각하는 것이 아니라,

각 경로 별로 구체화된 좁은 범위의 목표를 가지고, 이론적용의 실마리를 모

색하는 것이다.

④ 각 경로에 대한 전체 방법의 수는 일련의 연결사건은 곱의 법칙으로 구하고, 배

반사건은 합의 법칙으로 구한 후, 경로 별로 합산한다.

다음은 그림에 묘사된 내용을 가지고, 실제 적용을 한 모습이다.

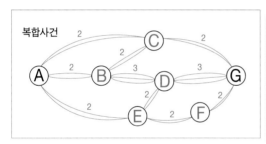

※ 목표지점 기준
이질적인 경로의 구분
(우→좌로의 역방향운행 고려 안함)

경로1 : A → C → G
경로2 : A → D → G
경로3 : A → F → G

A		2		C	2	G	12	= (2+2×2)×2
	2	B	2					
A	2	B	3	D	3	G	30	= (2×3+2×2)×3
	2	E	2					
A	2	E	2	F	2	G	8	= 2×2×2

→ 총 50 가지

= 12 +
　30 +
　8

임의로 경로를 추가한 후 위의 과정을 적용을 해 보면, 적용 원리를 좀더 느낄 수

있을 것이다.

※ 전체사건 구성 시 고려사항

1. 적용 케이스가 몇 개 되지 않을 경우, 각 케이스를 배반사건들로 구분하여 합의 법칙을 적용하고,

   케이스가 많을 경우, 전체사건을 몇 개의 부분 사건들에 의한 연결사건으로 구성하여, 곱의 법칙을 적용한다.

2. 적용 케이스는 많은 데 곱의 사건구성이 용이치 않을 경우, 여집합을 구성하는 것을 고려한다.

◇ 연결사건의 구성 예

① 전체사건 U: {a, b, c, d, e, f, g}에서 3개를 뽑아 나열하는 방법의 수

- 전체사건에 대한 연결사건 식 해석: 첫 번째 열을 결정하고 난 후, 나머지를 가지고 두 번째 열을 결정하고, 마지막으로 나머지를 가지고 세 번째 열을 결정하면 전체 사건을 끝이 난다.

  (순열의 기본원리: nPr)

  ⇒ 구성: 전체사건 = 사건A: 첫 번째 열 결정

   ×사건B: 두 번째 열 결정×사건C: 세 번째 열 결정

   → U = A×B×C → 7×6×5 = 210

①-1. 전체사건 U: 0, 1, 3, 4, 5, 6를 가지고 3자리 숫자 만들기

   → 구성: 사건A: 첫째 자리 결정하기, 사건B: 둘째 자리 결정하기, 사건C: 셋째 자리 결정하기

   → U = A×B×C → 6×6×5 = 180 (∵ 첫째 자리에는 0이 오지 못함)

② 전체사건 U: {a, b, c, d, e, f, g}에서 3개를 뽑아 한 조를 만드는 방법의 수

- 전체사건의 해석: 얼핏 보면 ①번과 비슷하다. 그러나 차이점은 같은 3개의 원소를 뽑았을 경우, ①번은 뽑은 순서에 따라 다르지만, 이번 문제는 한 조를 구성하는 것이므로 순서에 상관이 없다는 것이다. 즉 이번 사건은 ①번과 같이 뽑은

다음에 같은 원소들의 그룹핑을 통해 순서를 배제시키면 된다.

(조합의 기본원리: nCr = nPr / r!)

⇒ 구성: 전체사건 = 사건A: 3개를 뽑아 순서 있게 나열하기×사건B: 그룹핑하여 순서 배제시키기

　　→ 임의의 3개의 원소 a, b, c에 의한 그룹핑 : (abc, acb, bca, bac, cab, cba)

　　　총 6개 = 3!

　　→ U = A (=7×6×5) × B (=1/3!) → 7×6×5 / (3×2×1) = 35

경우의 수 문제에 대한 논리적인 접근방법을 연습하라!

〈중학과정: 전체사건에 대한 구성방법의 기본원리〉 +

　- 목표 경로의 선택을 위한 전체사건의 구성 및 효과적인 접근방법의 모색연습

① 먼저 해당 경우의 샘플케이스를 만들어 보고, 목표 및 제한사항들을 구체적으로 이해한다.

② 목표에의 접근방법이 눈에 보이면서, 경우(/원소)의 수가 적을 경우, 하나씩 경우를 세거나 그룹별로 케이스를 분리한다. 즉 각각이 시작과 끝을 가진 온 사건으로 이루어진 개별적인 배반사건들로 구성한다.

A
B
C
D
E

경우(/원소)의 수가 많을 경우, 순서를 가진 부분사건들의 연결형태로 온 사건을 만드는 방식으로 연결사건 구성을 시도한다.

A_1	A_2	A_3	A_4	A_5

복합사건인 경우, 이 두 가지 접근방법을 적절히 조합하여, 전체사건을 구성한다.

③ 전체 집합 중 사건 A의 경우(/원소)의 수가 적을 경우 A의 원소의 개수를 직접 세고, A의 경우의 수가 너무 많아, 전체 구성이 어려울 경우 반대로 A^c의 원소의 개수를 세는 것을 고려한다.

→ 원방향에서의의 접근방법이 쉽게 보일 경우, 원방향의 접근방법을 선택하고, 원방향에서의의 접근방법이 잘 안보일 경우, 대우방향의 접근방법을 고려한다.

④ 연결사건으로 생각을 진행하다가, 혼란스런 부분을 만날 경우, 그 이유를 곰곰히 생각해보고, 필요시 케이스를 나눈 후 계속 생각을 진행한다.

문제 예: 4가지 다른 색깔로 이웃하는 영역이 서로 다른 색깔로 구분될 수 있도록, 칠하는 방법의 수

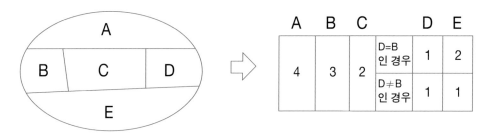

A	B	C		D	E
4	3	2	D=B 인 경우	1	2
			D≠B 인 경우	1	1

2. 도수분포표의 이해

학생들은 통계단원에 들어와서 도수분포표를 처음 접하면, 꽤 낯설어 한다. 그리고 도수분포표를 이용하여 평균을 계산하는 방법을 배우지만, 그것이 기존에 알고 있던 평균과 어떻게 연계되는 지 정확히 이해하지는 못하는 아이들이 많다. 그런 상태에서 상대도수/분산/표준편차 등 새로운 개념들을 배우게 되는데, 대부분 형식적인 계산방법만을 익히게 된다.

물론 처음 공부를 시작하는 아이가 낯선 개념을 이해하는 것은 어려운 일이니, 일단은 외워서 우선은 사용할 재료들에 익숙해 지기를 기다리는 것은 필요한 일일 것이다. 그러나 어느 정도 익숙해지면, 다시 처음으로 돌아와 주요 개념에 대한 이해를 매듭지어야 한다. 그리고 학생들이 제때에 이것에 대한 기회를 가질 수 있도록, 우리 선생님들이 꼭 신경 써야 하는 일인 것이다. 그런데 어찌된 영문인지, 현재 우리 교육은 이 매듭 단계가 빠진 체 앞으로만 나아가고 있는 것 같다. 즉 많은 아이들이 새로운 개념에 대한 스스로의 이해를 바로잡지 않은 체, 방법적인 면만을 쫓아 익숙해진 방향대로 계속 앞으로만 나아가고 있는 형국이라 하겠다.

통계는 현재의 자료분석을 통해 현상을 파악하고, 그것을 통해 미래를 예측하기 위해서 사용되어 진다.

도수분포표는 표의 형식을 빌어 현재의 많은 자료를 정리하는 매우 편리하고 유용한 방법이다. 세부내용에 들어가기에 앞서 우리 학생들은 우선 그것을 깨닫도록 해야 한다. 그러면 받아들이는 자세가 달라질 것이다.

그럼 간단한 예를 가지고 도수분포표의 평균이 기존에 학생들이 알고 있는 평균과 어떻게 연계되는 지 살펴보자. 그리고 그러한 이해를 통해 도수분포표가 새로 익혀야 할 단순히 낯선 것이 아니라, 자료 정리 및 평균계산 등의 자료분석을 위한 매우 편리하고 유용한 방법임을 알도록 하자.

　표본그룹에 속해 있는 열 명의 학생이 평가시험을 치르고 다음의 점수를 맞았다고 가정해 보자.
- 첫 번째 시행 점수 : 15, 15, 30, 30, 30, 40, 40, 40, 40, 50 (100점 만점기준)
　현상의 해석: 평가기준 및 목적에 따라 시행결과는 달리 분석될 수 있는데,
- 만약 평소 잘하는 학생들이 표본그룹으로 선정되었다면, 아마도 이번 시험은 시험문제의 난이도를 책정하기 위한 목적이라 볼 수 있을 것이고, 시행 결과를 보면 난이도가 높은 것으로 분석된다. 그러나
- 시험문제가 이미 알려진 난이도로 구성되었다면, 아마도 이번 시험은 학생들의 수행능력을 평가하기 위한 목적이라 볼 수 있을 것이고, 시행결과를 보면 이 표본그룹의 학생들은 공부를 아직 잘 못하는 학생들일 것이다.

　그럼 다음 두 번째 시행에서 이 표본그룹의 학생에게 기대할 수 있는 점수는 얼마일까?
　이를 위해 우리는 주로 표본그룹의 시행점수 평균을 계산하게 되는데, 이러한 연유로 평균을 통계에서는 기대값으로 부르기도 한다.
　학생들에게 이 시행점수의 평균을 계산하라고 하면, 대부분 다음과 같이 정확히 계산을 해낸다.
　평균 = (15+15+30+30+30+40+40+40+40+50) / 10 = 33 --------- ①

이제 위의 첫 번째 시행 자료를 보기 쉽게 다음과 같이 표로 정리해 보자.

점수	도수	상대도수
15	2	2/10
30	3	3/10
40	4	4/10
50	1	1/10
계	10	1

　여기서 도수는 각 점수에 해당하는 학생수를 뜻하며, 상대도수(= 도수/전체도수)는 전체 인원중 해당점수대 해당하는 비율을 뜻한다.

그리고 이렇게 정리된 표를 우리는 도수분포표라고 한다.

위와 같이 도수분포표가 정리되어 주어졌을 경우, 평균은 (각 점수×상대도수)의 총합으로 계산되는데, 왜 그런지 이해하지 않고, 그냥 외우는 학생들이 꽤 많다. 그런데 이것은 특별한 것이 아니라, 아래와 같이 ①번식에서 도출되어진 자연스러운 결과임을 알 수 있어야 한다.

$$평균 = \frac{15 + 15 + 30 + 30 + 30 + 40 + 40 + 40 + 40 + 50}{10}$$

$$= \frac{15 \times 2 + 30 \times 3 + 40 \times 4 + 50 \times 1}{10} = 15 \times \frac{2}{10} + 30 \times \frac{4}{10} + 50 \times \frac{1}{10} = 33$$

$$= \sum(점수 \times 상대도수)$$

이렇게 계산된 현재 자료의 평균값을 가지고, 우리는 다음의 시행점수에 대한 기대값을 산출해 낼 수 있는 것이다.

그런데 표본 자료의 양이 많아질 경우, 각 점수별로 정확한 표를 작성하는 것은 무척 번거로운 일이 된다. 그리고 통계의 성격상, 이 기대값은 말 그대로 기대해 볼 수 있는 추측값이므로, 허용오차 내에 들어 온다면, 굳이 정확한 실제값을 가져갈 필요는 없다. 즉 편의성을 위하여 39점이나 41점을 40점으로 취급하여 정리를 하여도 평균을 통해 계산된 기대값에는 크게 영향을 끼치지 않는다는 말이다. 즉 통계의 목적은 현재를 통해 미래의 추세나 경향을 예측하려는 것이지 정확한 값을 산출해내려 하는 것이 아니기 때문이다.

이렇게 작업의 편리성을 도모하기 위해, 일반적으로 사용하는 도수분포표는 실제 점수별로 작성하기 보다는 통계의 목적을 허용되는 범위내에서 구간별로 적절히 계급을 나누고, 각 구간의 대표값을 계급값으로 설정하는 방식으로 다음과 같이 작성되어 진다.

계급	변량구간/점수	계급값(/대표값)	도수	상대도수(/확률)
1	0-9	5	3	3/100
2	10-19	15	8	8/100
3	20-29	25	15	15/100
		......		
9	80-89	85	4	4/100
10	90-99	95	2	2/100
11	100	100	0	0/100
계			100	1

그럼 각 구간의 대표값인 계급값은 어떻게 정해지는 것일까?

일반적으로 사용하는 대표값으로는 다음의 3가지를 들 수 있다.

- 평균값 : 특이 사항이 없을 경우, 보편적으로 가장 많이 사용하는 대표값이다.

- 중앙값 : 계급구간내에서의 값의 분포가 균등하면 중앙값은 평균값과 같아지고, 구간의 폭이 좁은 경우 값의 변동차가 무시할 정도이므로, 용이성 측면에서 중앙값을 대표값으로 사용한다.

- 최빈값 : 계급구간의 크기가 크고, 값이 한쪽에 몰려 있을 경우, 예측값의 정확성을 위하여 최빈값을 대표값으로 사용한다.

특별한 언급이 없는 한, 도수분포표의 계급값은 대개 중앙값을 사용한다. 왜냐하면 통계자료 정리는 방대한 양의 데이터를 다루어야 하기 때문에 편의성을 위하여 대개 중앙값을 쓸 수 있도록 계급구간의 크기를 조정하기 때문이다.

이렇게 만들어진 도수분포표를 기반으로 계산된 현재의 시행 자료에 대한 평균값을 가지고 미래의 시행에 대한 기대값을 산출해 내는 것이다.

그런데 이 기대값을 어느 정도나 믿을 수 있을 것인가가 통계/예측에 있어 또 다른 중요한 주제가 된다. 이것은 앞선 측정값 주제에서도 다루었듯이, 측정도구의 정밀도에 따라 오차의 범위가 얼마나 되는 지 알아야 하는 것과 같다 할 것이다. 간단히 이야기 하면, 현재 표본자료의 정밀도 및 분포상황을 가지고 미래 상황에서의 평균값을 중심으로한 분포도를 추정함으로써, 예측값의 정확도/신뢰도를 평가하려는 것이다.

이를 위해 사용되는 지표가 중심(/평균)에서 떨어진 정도를 측정하는 분산 및 표준편차이다.

분산, $V(X) = E(X - m)^2$　　$(m = E(X)$: 자료의 평균$)$

표준편차, $\sigma(X) = \sqrt{V(X)}$

표준편차는 측정값 주제에서 다룬 오차의 한계에 대응하는 개념으로 이해하면 좋을 것이다.

참고로, 단순히 각 계급값과 평균의 차이에 대한 평균을 표준편차로 사용하지 않고, 차이의 제곱에 대한 평균인 분산을 도입하고, 그 분산값의 제곱근으로써 다소 복잡하게 표준편차를 사용하는 이유는, 차이를 위해 절대값을 도입할 경우 방대한 표본에 대한 계산을 수행하는 데 있어 오히려 번거로운 점이 더 많이 발생하기 때문인 것으로 알려져 있다.

논리적 사고과정에 의한
문제풀이 학습체계

01

문제해결을 위한 논리적 사고 체계

1. 표준문제해결과정 → 4 STEP 사고 : 효과적인 문제풀이를 위한 논리적 사고과정의 기준

표준문제해결과정 : 논리적인 사고의 흐름

1) **내용의 형상화(V) : 세분화 및 도식화 - 주어진 내용의 명확한 이해**

- **百聞 不如一見** : 주어진 내용의 가장 정확한 이해는 그 내용을 이미지화 하여 상상할 수 있는 것이다.

그것을 위해

① 단위문장을 기준으로 각각의 내용을 식으로 표현한다.

→ 문장전체를 한번에 읽고 올바로 해석하여, 한꺼번에 관련된 식을 도출하는 것은 쉽지 않지만, 단위 문장 하나씩을 식으로 표현하는 것은 쉽게 할 수 있다. 만약 식으로 표현하지 못한다면 각 문장과 관련된 이론의 점검이 필요하다.

② 식으로 표현된 조건들을 그림으로 표현하여 종합한다.

→ 각각의 내용을 종합하여 표현하면, 교점과 같이 문맥상에 숨어 있는 사실 및 구체적인 적용범위들이 겉으로 드러나게 된다. 함수의 그래프 표현은 이 과정을 위한 매우 유용한 도구이다.

2) 목표의 구체화(T) : 구체적 방향을 설정하고 필요한 것 확인

- 목표의 명확한 인식을 통해 五里霧中을 경계한다.

① 목표의 형상화 : 형상화된 조건들과 함께 목표를 연관하여 표현

→ 조건에 따라 변화하는 목표의 경우, 관련 식을 통해 변화의 궤적을 구체적으로 표현해야 한다.

② 필요한 것 찾기 : 형상화된 내용을 기반으로, 목표를 달성하기 위해서 추가적으로 필요한 것을 찾는다.

→ 이것은 대상을 구체화하여 고민의 범위를 줄이는 것이다.

3) 이론 적용(L) : 구체화된 정보를 가지고 상황에 맞는 최적의 접근방법 결정하기

- 주어진 조건들을 실마리로 하여, 필요한 것을 얻기 위하여 적합한 적용이론(/접근방법/루트)을 찾는다.

→ 쉬운 문제의 경우, 밝혀진 식들을 가지고 단순히 연립방정식을 푸는 형태가 될 것이다.

그러나 어려운 문제의 경우,

주어진 조건들에 기반하여 새로운 적용이론을 찾아야 할 것이다.

※ 문제가 잘 안 풀릴 경우, 논리적인 접근방법

① 주어진 조건 중 이용하지 않은 조건이 있는지 확인한다.

- 주어진 조건을 모두 이용해야 문제를 가장 쉽게 둘 수 있다.

② 현재 밝혀진 조건 이외의 문맥상에 숨겨진 다른 조건이 더 있는지 확인한다.

③ 현재 고민하고 있는 내용이 목표와 방향성이 맞는지 확인한다.

    - 고민의 범위가 너무 막연한 게 아닌지 확인하다 : 목표의 구체화를 통한 고민의 범위 줄이기

    - 주어진 상황과 접근방법 자체에 대한 점검 : 부정방정식에 대한 접근방법 고려

⇒ 만약 내용형상화 단계에서 주어진 어떤 내용을 식으로 표현(/조건의 구체화)하지 못했다면, 관련이론에 대한 자신의 이해를 다시 점검한다.

4) 계획 및 실행(M)

    - 해야 될 일들에 대한 우선순위를 정하고, 정리된 계획을 실행에 옮긴다.

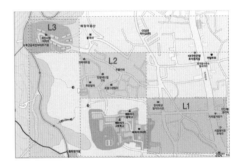

전 과정의 실행 후에도 여전히 미 해결 내용(모르는 것)이 있을 경우,

모르는 것이 다시 목표가 되고, 현재까지 밝혀진 내용을 주어진 내용으로 삼아, 1-4 과정을 반복 시행한다 (문제의 난이도 상승 : L1 → L2 → L3)

표준문제해결과정 4Step (VTLM)

 - 효과적인 문제해결을 위한 논리적 사고의 흐름

1. 내용형상화(V) : 내용의 명확한 이해 및 주어진 조건의 규명

    1-1. 단위문장(구·문)별로 각각의 내용을 식으로 표현한다.

      - 직접적으로 기술된 조건들의 규명

    1-2. 식으로 표현된 조건들을 그림으로 표현하여 종합한다.

      - 전체적인 이해 및 문맥상의 숨겨진 조건들의 규명

2. 목표구체화(T) : 구체적 방향을 설정하고 필요한 것 확인

    2-1. 목표의 형상화 : 형상화된 조건들과 함께 목표를 연관하여 표현

    2-2. 필요한 것 찾기 : 목표와 주어진 내용과의 차이 분석

    - 형상화된 내용을 기반으로,

     목표를 달성하기 위해서 추가적으로 필요한 것을 찾는다.

3. 이론 적용(L) : 필요한 것을 얻기 위한 최적의 접근방법 찾기

    3-1 : 필요한 것과 연관된 조건을 실마리로 하여 적용 이론 찾기

    3-2 : 적용 이론들을 통합하여 전체 솔루션 설계

4. 계획 및 실행(M) : 효율적인 실행순서의 결정 및 실천

  해야 될 일들에 대한 우선순위를 정하고, 정리된 계획을 실행에 옮긴다.

    - VTLM : **Veri Tas Lux Mea**　　진리는 나의 빛

                         → Content Visualization

                         → Target Concretization

                         → Logic Application

                         → Execution Management

표준문제해결과정의 형상화

 - 표준문제해결과정은 문제를 가장 쉽게 푸는 방법이다.

1. 내용형상화(V)

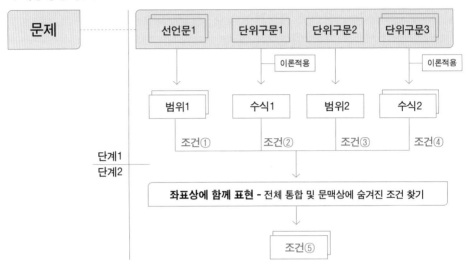

2. 목표구체화(T)

3. 이론적용(L)

밝혀진 조건들(①②③④⑤……)을 실마리로 하여, 구체화된 목표를 구하기 위한 적용이론들(/접근방법)을 찾는다.

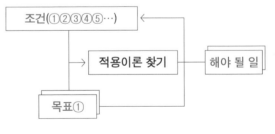

4. 계획 및 실행(M)

효율적인 작업을 위한 일의 우선순위 설정 및 실행

이론학습 및 문제풀이를 통한 논리 사고력 훈련

: 표준문제 해결과정 - 논리적 사고의 흐름

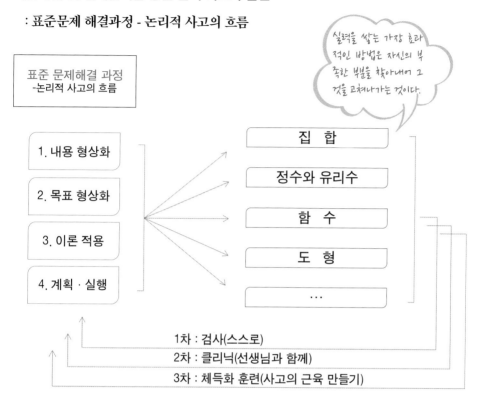

이러한 논리적 접근을 통한 문제해결과정은 학문적으로 꾸준히 연구되고 있는 분야 이다.

대표적인 학자로는 헝가리의 수학자 폴리야(George Polya, 1887~1985)를 들 수 있다. 그는 저서 How to Solve it - New Aspect of Mathematical Method(Princeton University Press, 2004)에서 이러한 내용을 다루고 있는데, 그 내용이 이 책에서 다루고 있는 내용과 큰 맥락을 같이 하고 있다고 하겠다.

표준문제해결과정 : 4Step 사고의 적용 상세 절차

STEP 1: 내용 형상화

의미: 제한된 시간 안에 목표 지점을 찾아가기 위해서는, 내가 이용해야 할 조건들을 구체적으로 알아야 효과적으로 계획할 수 있다. 그런데 문제의 내용은 대부분 제시자의 시각에서 주관적이고 묘사적인 방법으로 기술되어져 있다. 그런데 이는 풀이하는 입장에서는 처음 접하기 때문에, 물론 문장 구성의 정도/난이도에 따라 다르겠지만, 한번에 그 내용을 이해하기는 어렵다. 따라서 주어진 각각의 내용을 객관적으로 구체화하고 이를 전체적으로 구성해 보는 작업은 정확한 상황에 대한 이해를 할 수 있게 하는 데 꼭 필요한 일이 된다. 그리고 그 작업이 표준문제해결 과정의 첫 번째 스텝이 되는 것이다. 이 내용을 형상화해 보면, 문제에 관련된 동네의 지도를 준비하고, 그 지도 위에 밝혀진 조건들을 표시하는 것이다.

절차:

① 접속사나 마침표를 기준으로 전체 문장을 하나씩 단위 구문 별로 세분화한다.

② 각 단위 구문을 하나씩 식으로 옮긴다. 식이 성립되지 않는 경우, 그 주된 내용을 알기 쉽게 정리해 놓는다. 이렇게 정리된 내용들을 이용해야 할 구체적 조건으로 삼고, 하나씩 번호를 부여한다.

　- 식으로 옮기는 행위자체가 묘사적인 수식어들을 제외한 핵심사항을 정리하는 것과 같다.

　- 주어진 내용을 식으로 옮기지 못한다면, 관련된 이론에 대한 이해가 부족한 것을 뜻한다. 즉 그 이론을 다시 공부한 후, 이 문제를 다시 도전해야만 한다.

　- 도형이나 그래프로 제시된 문제와 같이, 내용이 이미 형상화 된 문제에 대한 이 스텝의 진행과정은 역방향이라 할 수 있다. 수식을 그림으로 형상화하는 대신에 그림 속에 표현된 각각의 내용에 해당되는 수식을 찾아내는 것이다.

이번 주제의 내용은 '제1부-Part 1-03. 표준문제해결과정 및 적용'과 뒷 부분 추가사항을 제외하면 세부 내용이 동일하나, 이해를 위한 독자의 편의성을 위하여 중복하여 기술하였음.

난이도 L1이 안되는 문제의 경우, 대부분 이 단계에서 내용형상화는 끝이 난다. 게다가 더욱 쉬운 문제는 처음부터 내용이 아예 식으로 주어지는 경우이다. 그런데 난이도가 올라갈 경우, 어떤 문제는 비록 처음부터 식으로 주어져 있지만, 문맥상에 숨어있는 내용을 파악해내지 못한다면 문제를 풀기 어려운 경우도 있다. 즉 어려운 문제의 경우, 문맥상에 숨어 있는 조건들을 찾아내야만 그 문제를 풀 수 있는 것이다.

③ 문맥상에 숨어 있는 조건들을 겉으로 드러나게 하는(일관성 있게 적용할 수 있는) 좋은 방법중의 하나는 주어진 조건들을 그림으로 형상화하여 상호관계가 눈에 보이도록 하는 것이다. 예를 들어, 구체화된 조건 식들을 같은 좌표평면상에 통합하여 함께 그래프로 나타내면, 자연스럽게 교점 및 범위 등이 드러나게 되는 것이다. 그렇게 새롭게 발견된 조건들을 이용해야 할 조건으로 추가하고, 각각 번호를 부여한다.

- 함수의 그래프를 그리는 방법(부록1 참조)을 터득해 놓는 다면, 이 작업을 상대적으로 쉽게 할 수 있을 것이다.

- 만약 그래프로 표현하기 어렵다면, 통합을 하여 표현하기 위한 목적을 맞출 수 있는 벤 다이어그램/순서도 등과 같이 다른 그림 수단을 이용할 수 있을 것이다.

→ Tip: 문장이 하나일 때는 대부분의 학생들이 그 내용을 쉽게 구체화 한다. 그런데 서술형문제와 같이 여러 개의 문구나 문장이 길게 늘어져 있을 때는 그 내용을 쉽게 구체화하지 못한다. 그것은 아이들이 욕심을 부려 한꺼번에 머리 속에서 문제에 대한 종합적인 이해를 시도하기 때문이다. 그러한 시도는 자신의 현재 능력을 배재한 체, 그렇게 하는 것이 가장 빨리 가는 방법이라고 머리 속에 잠재하고 있기 때문에 일어나는 자연스런 현상이라 할 수 있다. 그렇지만 그러한 마음을 스스로 통제할 수 있어야 하는 것이고, 그것도 수학공

부를 통해 훈련해야 하는 것 중 하나이다. 따라서 이에 대한 생각을 인식시키고, 그것을 서서히 바꾸어 주어야 한다. 즉 한꺼번에 하려 하지 말고, 현재 할 수 있는 능력에 맞춰, 단위 구문 별로 하나씩을 구체화하고, 이 것을 여러 번 하여 자연히 전체 내용을 구체화할 수 있도록 생각의 전환을 유도해야 한다.
- 불행히도 논리적 사고과정이 배제된 패턴별 문제풀이 학습방법이, 쉽게 가려는 아이들의 성급한 욕구에 맞춰준 양상으로 잘못된 공부습관을 고착시키는 데, 일조하지 않았나 싶다.

STEP 2: 목표 구체화
의미: 쉽게 말하면, 목표를 형상화된 내용과 함께 연계시키는 것이다. 즉 같은 지도에서 목표의 위치를 확인하는 것이다.

절차:
① 목표구문 및 문장을 해석하여, 목표를 명확히 확인한다.

　목표가 상황에 따라 변하는 경우, 그 내용을 수식으로 표현하고, 그 변화하는 궤적을 형상화한다.

　→ 목표의 형식 및 표현내용도 이용해야 할 조건이 될 수 있다.

② 목표를 얻기 위해 필요한 것들을 구체화하고, 현재 주어진 조건들과 비교해 본다.

　이미 밝혀진 사항을 제외하고 남은 필요한 것을 구체화된 목표로 삼는다.

　→ 이렇게 구체화된 목표는 고민의 범위를 줄여준다.

STEP 3: 이론 적용
의미: 지금까지는 목표지점에 가기 위해 어떤 루트를 선택할 지를 결정하기 위해 사전조사를 한 셈이다. 즉 알고 있는 내용들을 가지고 구성된 (이론)지도 위에 출발점과 목표 그리고 지금까지 밝혀진 조건들이 해당 길 위에 표시 되어 있는 셈이

다. 이제 남은 것은 이것들을 실마리로 하여 현재 상황에 맞는 최적의 루트를 찾아 내는 것이다.

절차:

① 밝혀진 조건을 모두 이용하는 접근방법/루트(/적용이론)를 선정한다.

- 쉬운 문제인 경우, 이 루트(/적용이론)는 각 조건에 연결된 이론으로부터 이미 만들어진 식들을 가지고 단순히 연립방정식을 푸는 것이 될 것이다.

- 어려운 문제인 경우, 이 루트(/적용이론)는 여러 개의 이론(/길)들의 조합이나 비교/판단/확장 등 논리적인 추론을 좀더 필요로 한다. 이때 추론의 방향은 무 작정 찾는 것이 아니라, 구체화된 목표와 연계하여 주어진 조건들을 실마리로 하여 찾아야 한다.

→ 목표의 형식 및 표현내용도 이용해야 할 조건 및 실마리가 될 수 있다.

→ 주어진 조건들을 실마리로 하여 적용이론을 찾는 과정에 있어, 주어진 조건 의 형태가 예상 적용 이론과 직접적인 매치가 될 수도 있지만, 어려운 문제 일 수록 직접적인 매치보다는 확장을 하여 매치 점을 찾아내야 한다. 마찬가지로 확장의 방향은 무조건 아무거나 시도하는 것을 아니라, 주어진 조건을 실마리 로 이용하는 쪽이 되어야 보다 쉽게 문제를 풀어갈 수 있다.

- 적용이론(/루트)을 찾는 과정이 여러 Cycle의 깊이 있는 사고를 필요로 하는 경우, 한 Cycle의 사고를 통해 새롭게 밝혀진 내용을 구체적으로 표현해 놓아 야 한다. 그래야만 그 내용을 다음 Cycle의 사고에서 쉽게 이용할 수 있게 되기 때문이다.

② 문제가 잘 안 풀린다면, 다음의 사항들을 기본적으로 점검한 후 필요한 작업을 수행한다.

- 구체화된 모든 조건을 다 이용하였는가?

- 모든 조건을 다 구체화 하였는가? 혹시 선언문 등 빠뜨린 것은 없는가?

- 목표구체화를 통해 세부 목표를 찾아내고, 거기에 맞추어 고민의 범위를 줄였는가?
- 형상화를 통해 숨어 있는 조건을 모든 찾아 내었는가?
- 마음이 조급하여, 논리적인 사고과정에 따라 객관적으로 문제를 풀어가지 않고, 과거에 경험한 특정 패턴에 맞춰 상황을 무리하게 꿰 맞추는 시도를 하고 있지는 않은가?
→ 그렇다면 마음을 바로잡고, 첫 번째 스텝부터 다시 해나가야 한다.

위의 사항들을 모두 점검하였는데도 잘 문제가 풀리지 않는 다면, 현재 실력에 비해 제 시간 안에 풀기 어려운 문제이니 조급해 하지 말고 충분히 시간을 가지고 고민하는 것이 올바른 공부 방법이 될 것이다. 꾸준한 훈련을 통해 사고의 근육을 쌓으면, 정확도와 속도는 점점 빨라질 것이기 때문이다.

STEP 4: 계획 및 실행

의미: 이제는 선택된 루트를 따라 실제 진행하는 것만이 남았다. 그런데 여러 개의 일들이 조합되어 있는 경우, 순서를 반드시 지켜야 하는 일들과 그렇지 않은 일들이 있을 것이다. 즉 실천의 정합성과 효율성을 위하여 일의 우선 순위를 결정한 후, 순서에 따라 실행을 하는 것이 필요하다. 그리고 실행 도중에 혹 가정했던 상황이 바뀐다면, 해당 스텝으로 되돌아 가야 할 것이다.

절차 :
① 실천의 효율성을 위하여 일의 우선 순위 결정한다. 즉 요구된 일들의 실행순서를 결정한다.
② 계획된 순서에 따라 일을 실행한다.
③ 실행 도중에 혹 가정했던 상황이 다르다는 것을 알게 된다면, 해당 스텝으로

되돌아 가서 필요한 조정을 수행한다.

⌐ 의외로 많은 아이들이 약분을 이용하여 계산을 간략하게 만들지 못해, 계산실
  수를 하곤 한다.
- 초/중등 학생의 경우, 복합연산에서 나누기를 곱하기로 바꾸어 놓지 않아, 약분
  없이 그냥 순서대로 큰 숫자에 대한 계산을 함에 따라 계산실수를 유발한다.
- 고등학생의 경우, 물론 형태에 따라 다르지만, 소인수분해 형태로 계산을 끌고
  가면 나중에 약분할 수 있는 기회가 옴에도 불구하고, 식을 빨리 간략히 정리하
  고 싶은 마음이 앞서 복잡한 큰 숫자에 대한 계산을 이중으로 함에 따라 실수를
  유발하기도 한다.
⌐ 초/중등 학생의 경우, 의외로 많은 아이들이 음수가 낀 분배법칙 계산에 잦은
  실수를 하는 데, 대부분 빨리 풀려는 마음이 앞서서 이다.

※ 내용형상화 및 접근방법의 모색 시 고려할 점

문자식으로만 표현되어 있어, 주어진 내용에 대한 형상화가 잘 되지 않거나 또는
경우의 수가 너무 많거나 아예 목표에 접근하는 길이 잘 안보여 접근방법을 결정하
기가 어려울 때는

첫 번째, 우선 몇 가지 케이스를 가지고 구체화 한 후, 그 내용을 일반화 한다.
두 번째, 그래도 해결이 잘 되지 않을 경우, 역으로 뒤집어서 대우방향에서 접근하
는 것을 생각해 본다.

참고로, 대우방향에서의 접근방법은 다음에서 자세히 설명되어 진다.

2. 증명을 위한 접근방법의 차이에 대한 이해 : 연역법(원방향과 대우방향)/귀납법/귀류법의 이해

문제를 풀기 위해서 사고를 전개하는 방식에는 크게 연역적 사고방식과 귀납적 사고방식을 들 수 있다.

연역적 사고방식은 정해진 시작점에서 출발하여 한 발짝씩 단계적으로 목표지점으로 접근해 가는 방식이다. 그래서 누구나 이해하기가 쉽고, 일반적인 증명방식으로 사용된다.

예를 들면, 여자는 배란을 할 수 있는 자궁을 가지고 있으므로, 아이를 낳을 수 있다고, 합리적인 근거를 가지고 결론을 이끌어 내는 방식이다. 그래서 논리적인 전개의 오류가 없다면, 누구나 인정할 수 밖에 없다. 그와 반면에, 귀납적 사고는 관찰되는 몇 가지 현상으로부터 결론을 유추해 내는 방식이다.

예를 들면, 영희도 애를 낳았고, 미선이도 애를 낳았고, 지연이도 애를 낳았다. 그래서 여자는 아이를 낳을 수 있다고, 현상의 보편 타당성을 가지고 결론을 이끌어 내는 방식이다. 그래서 그럴 것이라고 생각은 드나 절대적인 사실로 받아들이기는 어려운 추측의 성격을 띠고 있다.

일상생활에서는 어떠한 사고 방식이 더 많이 사용될까? 한번 생각해 보자.

과학의 발전에는 이 두 가지 사고 방식이 모두 필요하다.

미지의 영역에서 앞으로 나아갈 방향을 설정할 필요가 있을 때는, 즉 지금 발견할 수 있는 사실들에 기반하여, 하나의 가설을 세울 때는 귀납적 사고 방식이 필요하며, 그렇게 세운 가설을 누구나 이용할 수 있도록 하기 위해서는 연역적 사고 방식에 의해 그것을 증명하는 것이 필요하다. 하나의 가설이 그렇게 증명이 되면, 그것은 하나의 정리(/사실)가 되는 것이다. 그리고 그러한 정리(/사실)는 누구나 인정할 수 있고,

안심하며 사용할 수 있는 것이다.

그런데 어떤 문제는 연역적인 사고방식으로만 증명하기는 매우 어렵지만, 이 두 가지 사고방식을 적절히 혼용하여 각각의 특징을 잘 이용한다면, 좀더 효과적으로 접근할 수도 있다. 예를 들어 귀납적으로 발견된 현상에서 출발하여 연역적인 논리를 더한다면, 발견된 사실로부터 연역적으로 확장된 부분까지 즉 비록 전체는 아니더라도 부분적으로 믿을 수 있는 영역을 어렵지 않게 구축할 수 있다. 그런 후 점차적으로 그 영역을 확장해 나가며, 전체에 접근해 가는 것이다. 이 시점에서 이러한 방법이 뭔지를 알아차리는 분들도 있을 것이다. 맞다, 수학적 귀납법이 이러한 접근방식의 대표적인 예인 것이다.

기본적인 증명방식은 누구나 믿을 수 있는 연역적인 사고방식을 따라야 하지만, 수학적 귀납법과 같이 문제를 풀기 위해서 실제 접근할 수 있는 방식에는 여러 가지 혼용 방법이 있을 수 있는 것이다.

효율적인 접근을 위한 이러한 혼용방법을 생각할 때, 우리는 여기에 한가지 더 고려해야 할 사항이 있는 데, 그것은 사고의 방향성 측면이다. 대부분 일차적으로는 출발지점부터 목표지점까지 순방향으로 직접 가는 지름길을 생각하지만, 차분히 전체를 돌아보고 목표지점의 위치를 파악해 보면, 상황에 따라 조금 돌아가더라도 역방향으로 되집어 가는 길이 현실적으로 효과적일 때가 많다.

그럼 지금부터 우리에게 익숙하고 가장 대표적인 원 방향에서의 연역적 사고방식 이외에, 몇 가지 유용한 사고방식들에 대해 알아보도록 하자.

첫 번째는 앞서 예시한 역방향에서의 접근방법이

라 할 수 있는 대우방향에서의 연역적 사고방식이다.

앞서 제시된 지도상에서, S지점에서 출발하여 G지점까지 가는 가장 빠른 방법은 무엇일까?

그림자 처진 것처럼 상위부분을 아직 모르고 있다면, 아마도 대부분은 B교차로와 A교차로를 경유해서 G지점까지 가는 루트를 선택할 것이다.

이 길은 약 130분 소요될 것으로 예상된다.

그런데 설사 지리는 알고 있어도 전체를 보고 판단하지 않는다면 또는 녹색 길과 T교차를 경유해서 가는 루트는 돌아가는 길이라 아예 생각지 않는다면, 아마도 같은 루트를 선택할 것이다. 이것은 우리들 대부분이 원 방향에서의 연역적인 사고에 익숙하기 때문이다.

반면에 평소 익숙한 원 방향의 사고에서 벗어나, 전체 지도를 보고 가장 빠른 길을 찾아보자.

비록 돌아가더라도, 당연히 여러분은 녹색 길과 T교차를 경유해서 가는 길을 선택할 것이다. 그 루트는 50분 소요될 것으로 예상되며, 이전 루트보다 약 절반의 시간이 절약된다.

이렇게 돌아가더라도, 즉 사고의 방향이 평소와 반대라도, 우리는 상황을 냉철히 판단하여, 목적지에 따라 효율적인 접근을 할 수 있어야 한다. 이것이 대우방향에서의 연역적 사고방식이다.

대우방향에서의 연역적 사고방식을 벤다이어그램을 이용하여 표현해 보자.

하나의 가설/문제는 명제 p → q로 해석 될 수 있다. 그리고 P, Q가 각각 조건명제

p, q의 진리집합에 해당된다고 할 때, (Cf. 진리집합: 조건명제가 참이 되게 하는 대상 원소들의 집합) 일반적으로 이 가설이 참인 것을 보이려면, P ⊂ Q임을 보이면 된다.

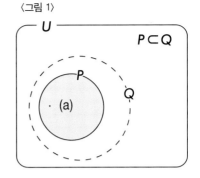
〈그림 1〉

즉 집합 P에 속하는 모든 원소 a 가 집합 Q에 속함을 보이면 되는 것이다. 이것이 〈그림1〉에서 묘사하고 있는 원 방향에서의 연역적 증명방식이다.

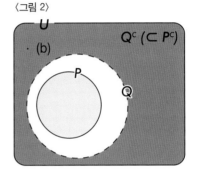
〈그림 2〉

그런데 P에 속하는 원소의 개수가 많은 때는 이 접근방식이 쉽지 않게 된다. 그럴 때 생각할 수 있는 것이 대우방향에서의 접근이다. 〈그림2〉와 같이 P ⊂ Q임을 보이는 것과 Q^c ⊂ P^c을 보이는 것은 동치이다.

즉 같은 현상에 대해, 바라보는 시각만 서로 다른 것이다. 그런데 전체집합에서 P의 원소가 많다는 것은 반대로 여집합에 해당하는 P^c 의 개수, 더욱이 Q^c의 개수는 적을 것이라는 것을 예상할 수 있다.

따라서 그러한 경우에는 P ⊂ Q임을 보이는 것 대신에 Q^c ⊂ P^c임을 보이는 것이 훨씬 효율적이 되는 것이다. 즉 집합 Q^c에 속하는 모든 원소 b가 집합 P^c에 속함을 보이면 되는 것이다. 이것이 〈그림2〉에서 묘사하고 있는 대우 방향에서의 연역적 증명방식이다.

실전 적용에 있어 기준으로 삼을 만한 포인트는, 문제를 풀 때 처음 시도한 방향에서 해당 경우의 수가 너무 많아 풀어가기가 쉽지 않을 때, 접근할 수 있는 유력한 방식이다. 물론 균등하게 분포되어 Q^c의 개수도 많을 수가 있는 데, 그러한 경우에는 이 접근방식도 적용하기 어렵게 된다. 그런 경우, 다른 조건을 더 찾아내어 범위를 좁히는 쪽으로 방향을 맞추어야 할 것이다.

두 번째는 귀류법으로 알려진 접근방법인데, 이것 또한 관점을 달리 한 대우방향에서의 연역적 접근방식이라 할 수 있다. 다만 접근방향을 명제를 성립하게 하는 기본 가정들을 담고 있는 표본공간에 초점을 맞춘 것이다. 즉 주어진 명제(의 결론)를 부정할 경우, 현재 명제가 존재할 수 있는 기준이 되는 표본공간의 체계에 반드시 오류가 생기게 됨을 보여, 현재 표본공간 내에서는 주어진 명제가 참이 될 수 밖에 없음을 보이는 것이다.

어찌 보면, 전체 집합에 해당하는 전체 공간(Universe)이란 우리가 믿고 따르는 세상의 진리(/규칙)가 통용되는 공간이라 하겠다. 비록 현재 인류는 창조자라 할 수 있는 하느님이 만들어 놓은 그러한 진리/규칙을 하나씩 찾아내고 있는 형편이지만…

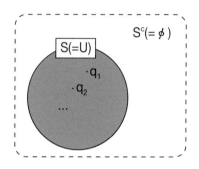

그런데 시각을 달리하여, 각 개인의 입장에서 생각해 보면, 우리 각자는 자신이 만들어 놓은(/이해하고 있는) 규칙이 통용되는 각자의 Universe, 별개의 표본공간 S를 가지고 있는 듯하다. 각자의 입장에서는 S^c가 공집합($\emptyset$)으로 여겨질 것이다.

그리고 우리는 각자 자신의 시각에서만 생각하기 때문에 서로 맞네, 틀리네 하고 있는 것이 아닐까 한다….

왜냐하면 하나의 정의된 표본 공간(S)에서 어떤 명제가 항상 참이라는 것은 진리집합이 표본공간인 전체집합에 해당 됨을 의미한다. 그리고 해당 명제가 항상 거짓이라는 것은 그 진리집합이 공집합이라는 것과 동일하다. 물론 깨달음이 깊어질 수록 각자의 표본공간은 점점 커져서 전체공간으로 발전하게 될 것이다.

그럼 명제의 관점에서 이러한 표본공간은 어떻게 형성되는 것일까?

표본공간은 각 이론에 해당하는 참인 명제 p → q에서, 가정 p가 모여서 만든 체계이며 q가 서 있는 공간이라 할 수 있다. 즉 현재의 과학이론이 서 있는 표본공간인 것이다. 지금까지 우리가 배운 대부분의 정리(/명제)들은 유클리드 원론의 기본 공리/공준에서 출발하여 만들어 졌다. 그래서 이렇게 만들어진 정리들을 근간으로 만들어진 표본공간을 우리는 유클리드 공간이라고 부른다. 그런데 이 유클리드 공간은 기본적으로 평행선 공리/공준이 통용될 수 있는 평면기하학을 전제로 하고 있다. 참고로 삼각형의 내각의 합이 180°인 것이 바로 이 평행선 정리를 이용하여 파생된 것임을 상기해 보자.

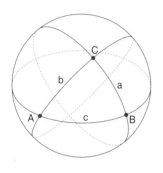

그런데 좌측 그림처럼, 곡면상의 세 점을 이용하여 만든 삼각형 △ABC의 내각의 합은 어떻게 될까? 한 눈에 보아도 180°가 넘을 것이라는 것은 쉽게 생각힐 수 있을 것이다. 유클리드 이후 2000년의 시간이 지난 후인 19세기에 이르러서야, 이러한 곡면기하학 측면에서 수학은 새롭게 지평을 넓혀가게 되는데, 이렇게 확장된 전체 공간을 상대적으로 비유하여 비유클리드 공간이라고 부른다. 곡면기하학의 관점에서 평면기하학(/유클리드기하학)은 곡률이 0인 특정 경우에 해당하는 것이다. 그리고 이러한 발전을 기반으로 비로서 아인쉬타인의 상대성이론이 탄생하게 된 것이다.

여기서 조심해야 할 것은 유클리드 기하학이 잘못된 것으로 생각해서는 안 된다는 것이다. 비록 전체 세상의 흐름을 해석하진 못했지만, 미시적 관점에서 평면기하학은 여전히 유효하기 때문이다. 예를 들어 우리는 크게는 지구 표면이라는 곡면상에 위치하여 있지만, 작게는 우리 동네라는 평면상에 위치하고 있는 것이다. 즉 비유클리드 기하학의 탄생은 곡률이 0이 경우에 유효한 평면기하학이 다른 곡률을 포함하는 일반적인 곡면기하학으로 발전한 것인 것이다. 그리고 그에 따라 확장된, 새로운 표본공간인, 비유클리드 공간이 만들어 진 것이다.

이러한 표본공간에 대한 이해를 바탕으로, 역사적으로 유명한 하나의 예시 문제를 가지고 귀류법의 과정을 이해해 보자.

예시문제〉 "$\sqrt{2}$ 는 유리수가 아니다"임을 증명하라.

역사적 배경

사실 $\sqrt{2}$ 가 무리수임은 피타고라스의 제자인 히파수스가 처음 발견하였다. 직각삼각형에서 빗변 길이의 제곱은 다른 두 변 길이의 제곱의 합과 같다는 피타고라스의 정리에서 한 변의 길이가 1인 정사각형의 대각선의 길이가 $\sqrt{2}$ 가 된다는 사실을 알아낸 것이다. 그렇지만 그것을 발견할 당시, '만물은 정수와 그 비에서 성립한다'고 생각했던 피타고라스는 무리수의 존재를 알고도 그 사실을 비밀에 붙였다. 하지만 그의 제자인 히파수스는 선상에서 그 사실을 주장하다 배신자로 몰려 바다에 빠져 죽음을 맞이한다. 그들이 새로운 수의 발견을 감추려 한 이유는 무엇이었을까? 수학은 그들의 삶에서 아주 특별한 것으로 전체적인 믿음체계에 영향을 주는 생활의 철학이었다. 우주의 근본은 수이며 정수와 이들의 비(유리수)로 모든 것을 나타낼 수 있다고 믿었다. 다른 수가 존재한다는 것의 필요성을 받아들이려 하지 않았던 것이다. 따라서 히파수스가 정사각형의 대각선을 표현할 수 있는 수가(유리수에서는) 존재하지 않다는 것을 보이자 그들은 큰 혼란에 빠졌고, 급기야 히파수스를 죽음에 이르게 한 것이다.

문제의 해석

특별한 다른 명시가 없으므로, 현재 통용되고 있는 수의 체계에 관한 표본공간이 전제되어 있음을 알 수 있다 : 명제 p → q에서 가정 p에 대한 묵시적 해석

증명과정〉 접근방법 → 귀류법 : ~q → ~p

① ~q : $\sqrt{2}$ 가 유리수라고 가정하면 $\sqrt{2}$ =b/a (a,b 서로소, 단 a≠0)과 같은 기약 분수로 나타낼 수 있다.

② 이 식의 양변을 제곱하면, $2a^2=b^2 \Rightarrow b^2$ 짝수 $\Rightarrow$ 홀수의 제곱은 홀수이므로, 즉 $b=2k \Rightarrow b^2=4k^2$

③ $2a^2=b^2$ & $b^2=4k^2 \Rightarrow a^2=2k^2 \Rightarrow a^2$ 짝수 $\Rightarrow a=2k$

④ ~p : b/a이 기약분수가 아니게 되므로, 이것은 표본공간상의 수의 체계에 모순을 불러온다.

따라서, 결론의 부정인 $\sqrt{2}$ 가 유리수라는 가정은 거짓이 된다. 즉 $\sqrt{2}$ 는 유리수가 될 수 없으며, 현재 실수의 체계상 무리수이어야만 한다

귀류법은 위와 같이, 현재 자신이 속해 있는 표본공간을 인식할 수 있게 하는 접근방식이라 하겠다.

어떤 명제 p → q가 참이라는 것을 원방향에서 증명하는 것 대신에, 대우방향에서 접근하여 그것의 결론을 부정할 경우 (Q^c), 가정이 모순됨(P^c)을 증명하는 접근방식이다. 즉 대우명제인 ~p → ~q가 참임을 증명하는 것이다. P^c을 인식하려면, P를 인지해야 하니까…

이런 생각을 가지고 귀류법의 사전적 정의를 음미해보자.

- 귀류법 : 어떤 명제가 참임을 증명하고자 할 때, 그 명제의 결론을 부정함으로써 가정 또는 공리 등이 모순됨을 보여 간접적으로 그 결론이 성립한다는 것을 증명하는 방법이다.

세 번째는 수학적 귀납법으로 알려진 혼용 접근방식이다.

이 접근방법은 발견된 유용한 현상에서 출발하여 연역적 사고를 더함으로써, 목표 범위까지 점차 참이 되는 영역을 넓혀 가는 방식이다.

수학적 귀납법 : 자연수 n, a에 대하여, P(n)이 참일 때 P(n+1)이 참이고 P(a)가 참이면, 모든 n ≥ a에 대하여 명제 P(n)은 참이다.

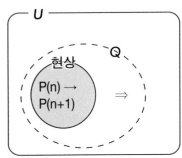

수학적 귀납법을 이용한 대표적인 예가 점화식(항간의 관계)을 이용한 수열의 일반항을 구하는 문제이다.

(예) 목표 : 1, 2, 4, 7, 10, 14, 19, … 로 전개되는 수열에서 n번째 수는 $(n^2-n+2)/2$임을 증명하라.

→ 이 경우, 단순히 연역적으로 방법으로만, n번째 수를 추론하기에는 쉽지 않다.

① 수열의 관찰을 통해 발견할 수 있는 첫 번째 현상:

계차 간의 수의 전개가 1, 2, 3, … 으로 나아감을 발견하여, $a_{n+1} = a_n+n$ (n≥1)임을 찾아낸다.

→ 이 관계식은 a_n의 값이 존재하면(/a_n이 참이면), a_{n+1}의 값도 결정할 수 있다(/ a_{n+1}도 참이다)는 것을 뜻한다. 즉 P(n)이 참일 때 P(n+1)도 참이라는 수학적 귀납법의 첫번째 조건에 해당한다.

② 두 번째 현상: $a_1 = 1$

→ n = 1 일 때의 a_1 값이 주어지거나 정할 수 있다. 즉 P(1)이 참임을 뜻한다.

③ 연역적 사고: 첫 번째 현상으로 발견된 식에 n에 1부터 n까지 넣어 구체적으로 나열해보면,

$a_2 = a_1+1$, $a_3 = a_2+2$, $a_4 = a_3+3$, $\cdots$, $a_n = a_{n-1}+(n-1)$으로 표현된다.

이제 좌변과 우변을 모두 더하여 정리하면,

$a_n = a_1+(1+2+3+\cdots+(n-1)) = 1+n(n-1)/2$가 됨을 알 수 있다.

$\therefore a_n = (n^2-n+2)/2(n \geq 1)$

02

논리적 사고를 통한 문제 풀이

◆ 표준문제해결과정의 적용예제들

세부 문제풀이과정에 들어 가기에 앞서,

이 책의 효과를 극대화하기 위하여, 문제풀이과정을 읽어 나갈 때 주의할 점을 집어 보도록 하겠다.

앞서 세부 이론학습과정의 서두에도 이야기 했듯이,

각 문제의 풀이 방법을 아는 것이 문제풀이공부의 주 목적이 아님을 상기하자.

문제풀이 공부의 주 목적은 (특정 이론들을 배경으로 출제된) 문제마다 달리 주어진 상황(/조건)에서 효과적으로 문제를 풀어가는 논리적인 사고과정의 훈련이다. 그리고 그러한 훈련과정을 통해 임의의 상황에서 발휘할 수 있는 자신의 문제해결능력을 키우고, 부차적으로 문제해결과정을 통해 새롭게 밝혀진 내용을 기반으로 그때까지 형성되었던 이론지도의 보완 및 확장을 하는 것이다.

일관성을 위한 논리적인 사고능력을 갖추고, 그것을 기반으로 한 단계별 문제해결

능력은 우리 사회에서 요구하는 실질적인 필요 능력이라 할 수 있다. 그런데 단순히 시험을 보기 위해 유형별 문제풀이 방법을 외우는 것은 암기력 훈련을 넘어 정작 필요한 자신의 문제해결능력을 키우는데 별 도움을 주지 못한다. 따라서 우리는 단순히 문제풀이방법만을 익힐 것이 아니라, 올바른 문제풀이과정의 훈련을 통해 논리적인 사고과정의 정확성 및 속도를 향상시켜 나가야 하는 것이다. 그럼으로써 점차 필요한 능력을 갖춰 나가는 것이다. 임의의 시점에 주어진 상황에서 올바른 판단을 할 수 있는 능력을 갖춘 사람은 리더가 될 것이고, 그렇지 못한 사람은 리더가 시키는 일을 할 수 밖에 없는 단순 노무자가 될 것이다. 또는 상응하여 자신의 삶을 스스로 선택하는 사람이 되거나 어쩔 수 없이 남의 선택을 쫓아가야 하는 사람이 될 것이다.

이 책에 예시된 문제풀이과정은 이러한 근본적인 훈련 목적을 달성하는 데 도움을 주고자 쓰여 졌다.

각 4Step 단계별로 그때까지 밝혀진 조건들을 실마리로 하여 목표로 가는 경로를 찾는 논리적인 사고과정(/접근방법)에 초점이 맞추어 쓰여 졌다. 따라서 각 풀이 과정을 읽어 나갈 때, 유형별 문제풀이 방법을 익히는 데에만 초점을 맞추지 말고, 주어진 조건들을 활용하여 논리적으로 문제를 풀어가는 사고과정에 초점을 맞추어 이해하려고 노력해야 한다. 그리고 그러한 일련의 논리적인 사고과정이 몸에 습관처럼 베이도록 해야만 하는 것이다. 노력을 통해 체득된 정도가 여러분의 삶의 질을 결정해 줄 것이다.

수학공부는 "생각의 과정에 대한 훈련"이다.

문제풀이학습이란,
방법적인 측면에서는 문제마다 각기 달리 주어진 상황에서 효과적으로 목표를 찾아가기 위한 **해결 실마리를 찾아가는 논리적인 사고과정에 대한 훈련**이며,

결과적인 측면에서는 틀린 문제를 통해

1. 자신의 현재 사고과정에 대한 점검 및 보완을 수행하고,

2. 기존에 생성된 이론지도에 대한 내용의 보완 및 상호 연결을 수행하는 것이라 할 수 있다.

표준문제해결과정의 적용 :

Case 1. 중1 - 자연수의 성질

◎ 문제 : 자연수 X에 대하여 X+13은 3의 배수이고, X+3은 13의 배수라고 한다. X를 39로 나눌 때 나머지를 구하여라.

개요) 이 문제를 특정 케이스를 가지고 전체적으로 내용을 생각해 보면, 39보다 큰 수 중에서 조건을 만족하는 특정 수를 찾아내어, 나머지를 구하면 쉽게 찾을 수도 있다. 그러나 이 방법은 특정 케이스를 가지고 주어진 내용을 형상화하는 방법으로 훌륭하나 내용의 증명방법으로는 항상 그렇다는 것을 보여 주지 못하므로, 정상적인 아직 미진한 방법이라 할 수 있다.

이제 위의 내용을 어떻게 논리적으로 접근하여, 정확하게 목표에 도달 할 수 있는지 표준문제해결과정에 맞추어 진행해 보도록 할 것이다.

표준문제해결과정

---

1. 내용 형상화 : 세분화 및 도식화 - 주어진 내용의 명확한 이해

→ 단위 구문 별로 식으로 표현

- 자연수 X에 대하여 → X 자연수 - ❶

- X+13은 3의 배수이고, → X+13 = $3K_1$ - ❷

- X+3은 13의 배수라고 한다. → X+3 = $13K_2$ - ❸

2. 목표 구체화 : 구체적 방향 설정 및 필요한 것 찾기

① X를 39로 나눌 때의 나머지 → X = $39K_3$+R

② 필요한 것 찾기 : R값을 구하기 위해서 X = $39K_3$+R의 형태를 취할 수 있는 방법을 모색한다.

3. 적용이론(길) 찾기 : 필요한 것을 얻기 위한 적용이론 찾기

- 이 경우, 형상화된 내용으로 직접 해당 값을 구할 수는 없으므로, 우선 알려진 사실들을 이용하여 X = $39K_3$+R의 형태로 변형할 수 있는 방법을 모색한다.

① 접근방법1 : 주어진 두 식(❷, ❸)의 곱을 이용하여 X = $39K_3$+R의 형태를 취한다. 즉 (X+13)(X+3) = $3K_1 \times 3K_2$ = $39K_3$ → X(X+16)+39 = $39K_3$

→ 이렇게 되기 위해서는 X+16은 39의 배수이어야 한다.

② 접근방법2 : X+13은 3의 배수이므로 3을 더한 X+16 또한 3의 배수가 된다. 마찬가지로 X+3은 13의 배수이므로 13을 더한 X+16 또한 13의 배수가 된다. 즉 X+16은 3의 배수이자 13의 배수가 된다는 사실을 이용하여, X+16 = $39K_3$ → X = $39K_3$-16

4. 계획 및 실행: 우선 순위 결정 및 실행

- X+16 = 39K ⇒ X = 39K-16

⇒ X = 39(K-1)+23 → ∴ 나머지 = 23

→ 적용된 이론 : 배수·나머지 정리의 이해 및 식 표현

- 유형별 문제풀이 방법을 외우는 것이 아니라, 논리적으로 문제해결 실마리를 찾아가는 사고과정 훈련

- 다양한 측면에서 해당 이론의 변형 및 반복적용을 통한 적용능력 향상 및 이론 숙지 효과

- 이론간의 연결 적용을 통한 자신의 지식지도의 확장

Case 2. 중2 - 삼각형의 성질

◎ 문제 : △ABC에서 $\overline{BC}$의 중점을 점 M이라 하고 $\overline{AC}$위에 $\overline{AB}+\overline{AP}=\overline{CP}$, ∠BPM = 90°가 되는 점 P을 잡는다. $\overline{AB}$=15㎝일 때, $\overline{AC}$를 구하여라.

개요) 이 문제는 막상 풀려고 들면 그렇게 쉽지 않음을 알 수 있다. 적용이론을 찾기 위하여 어떻게 주어진 조건들을 활용할 것인지를 잘 보여주는 문제이다.

이제 위의 내용을 어떻게 논리적으로 접근하여, 정확하게 목표에 도달 할 수 있는지 표준문제해결과정에 맞추어 진행해 보도록 할 것이다.

표준문제해결과정

---

1. 내용 형상화 : 세분화 및 도식화 - 주어진 내용의 명확한 이해

- BC의 중점 : M - ❶

- AB+AP = CP, - ❷

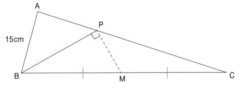

즉 P는 B를 AC와 일직선 상에 놓을 경우 중점에 해당

- ∠BPM = 90° - ❸

- AB = 15㎝ - ❹

2. 목표 구체화 : 구체적 방향 설정 및 필요한 것 찾기

① 구하는 것 : 선분 AC의 길이

② 필요한 것 : 선분 AP의 길이, 선분 CP의 길이

---

3. 적용이론(길) 찾기 : 필요한 것을 얻기 위한 적용이론 찾기

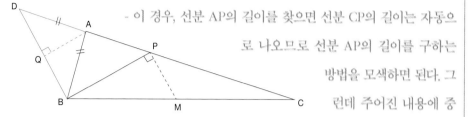

- 이 경우, 선분 AP의 길이를 찾으면 선분 CP의 길이는 자동으로 나오므로 선분 AP의 길이를 구하는 방법을 모색하면 된다. 그런데 주어진 내용에 중점 M이 있으므로, 이것을 활용하는 방법을 찾는다.

- 주어진 조건들을 이용하여 실마리 찾기 :

① M이 선분 BC의 중점이므로(❶), 이것에 연관된 잘 알려진 이론인 닮은 삼각형의 중점연결정리를 이용하는 방법을 찾는다. 그런데 AB+AP = CP이므로 (❷) 선분 AC의 연장선상에 선분 AB와 같은 길이의 위치에 점 D를 찍는다면, P 또한 선분 CD의 중점이 된다. 즉 M, P가 △BCD 상의 두 변의 중점이 되므로 중점연결정리를 이용할 수 있게 된다. 따라서 △PMC ∝ △DBC → PM // DB 그리고 DQ = QB (∵ △ADB 이등변삼각형)

② ∠BPM = 90°(❸)이므로 AQ // BP → △DQA ∝ △DBP → DA = AP

③ AC = AP+CP = AB+CP = 45㎝

4. 계획 및 실행 : 우선 순위 결정 및 실행

- 3단계에서 밝혀진 내용의 순차적 실행

→ 적용된 이론 : 닮은 삼각형의 성질(중점연결정리, 평행), 이등변삼각형의 성질

- 유형별 문제풀이 방법을 외우는 것이 아니라, 논리적으로 문제해결 실마리를 찾아가는 사고과정 훈련

- 다양한 측면에서 해당 이론의 변형 및 반복적용을 통한 적용능력 향상 및 이론 숙지 효과

- 이론간의 연결 적용을 통한 자신의 지식지도의 확장

◆ 표준문제 해결과정의 적용 및 이론의 연결을 통한 지식지도의 작성/확장 이미지

Case 1.

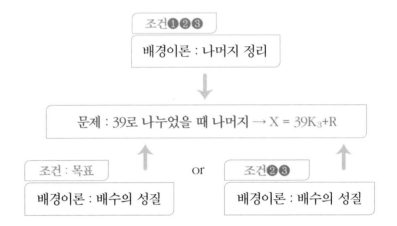

Case 2.

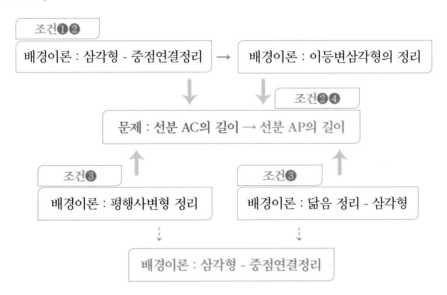

Case 3. 중2 - 식의 계산

◎ 문제 : $3/2 \cdot 6^{x+1}(3^{x+2}+3^{x+3}) = p^{x+q}$일 때, $p+q$의 값을 구하여라.

개요) 이 문제는 지수문제 이지만, 문자연산의 개념 이 확실히 잡혀 있지 중2 학생
들은 의외로 그리 쉽게 풀어가지 못한다.

이제 위의 내용을 어떻게 논리적으로 접근하여, 내가 무엇을 모르는지, 어떤 개념
이 부족한지 표준문제 해결과정에 맞추어 찾아내 보도록 하자.

표준문제해결과정

1. 내용 형상화 : 세분화 및 도식화 - 주어진 내용의 명확한 이해

주어진 조건은 $3/2 \cdot 6^{x+1}(3^{x+2}+3^{x+3}) = p^{x+q}$로 식 하나가 전부이다.

살펴보면, 좌변은 좌변은 지수의 덧셈과 곱셈으로 이루어져 있고, 우변은 하나
의 지수형태로 되어 있음을 볼 수 있다.

2. 목표 구체화 : 구체적 방향 설정 및 필요한 것 찾기

- 필요한 것 찾아내기:

우변의 결과식, p^{x+q}은 하나의 숫자를 밑으로 가진 지수의 형태이다.

즉, 좌변의 식을 정리하여 하나의 숫자를 밑으로 가진 형태로 만드는 것이 필요
하다는 것을 알 수 있다.

3. 적용이론(길) 찾기 : 필요한 것을 얻기 위한 적용이론 찾기

- 구체화된 목표에 방향을 맞추려면,

우선 좌변의 지수 덧셈을 하나의 수로 만들어야 하는 데, 문제는 두 수가 밑은

같은데 지수가 달라 바로 덧셈을 할 수가 없다. 이 것을 해결하기 위해서 주어진 지수형태를 다른 방향에서 해석하는 것이 필요하다.

$3^{x+2} \to 3^2 \cdot 3x$, $3^{x+3} \to 3^3 \cdot 3^x \Rightarrow 9^{x+1}(3^{x+2}+3^{x+3}) = 9 \cdot 3^x + 27 \cdot 3^x$

여기서 아이들은 또 다른 장애에 부닥치는데, 그것은 $9 \cdot 3^x + 27 \cdot 3^x$에 대한 연산이다. 이때, 아이들에게 $9a+27a$ 연산은 어떻게 하냐고 물어보면, 아이들은 스스로 감을 잡게 된다. 즉 3^x도 a와 같은 또 다른 형태의 대수인 것을 눈치 체게 되는 것이다. 즉 $9 \cdot 3^x + 27 \cdot 3^x = 36 \cdot 3^x$가 된다.

같은 방법으로 좌변의 나머지 항을 마주 정리하면, $6^{x+1} = 6 \cdot 6^x$ 따라서

$3/2 \cdot 6^{x+1}(3^{x+2}+3^{x+3}) = (9 \cdot 6^x) \cdot (36 \cdot 3^x) = (3 \cdot 6)^2 \cdot (3 \times 6)^x = 18^{x+2}$

4. 계획 및 실행: 우선 순위 결정 및 실행

좌변의 정리된 결과를 우변의 식과 비교하면,

$18^{x+2} = p^{x+q} \Rightarrow \therefore p = 18, q = 2 \Rightarrow p+q = 20$

- 유형별 문제풀이 방법을 외우는 것이 아니라, 논리적으로 문제해결 실마리를 찾아가는 사고과정 훈련
- 다양한 측면에서 해당 이론의 변형 및 반복 적용을 통한 적용능력 향상 및 이론 숙지 효과
  → 지수의 변형 형태에 대한 인식 및 지수연산의 숙지
- 이론간의 연결 적용을 통한 자신의 지식지도의 확장
  → 문자를 포함한 지수의 덧셈연산과 문자연산과의 관계

Case 4. 중2 - 함수

◎ 문제 : 소작농들에게 직사각형 모양의 야지에서 다음의 게임을 통해 경작지를 나누어 주기로 하였다. 각 참가팀은 두 사람이 한 조가 되어, 게임을 진행

하는 데 게임규칙은 다음과 같다. 좌측 하단의 한쪽 모서리를 기준점으로 하여

- 한 사람은 기준점에서 우측방향으로 100m 떨어진 곳에서 출발하여, 기준점 방향으로 초속 2m의 속력으로 움직인다. 그와 동시에
- 나머지 한 사람은 기준점에서 위쪽 방향으로 10m 떨어진 곳에서 출발하여, 기준점과는 반대방향으로 초속 5m의 속력으로 움직인다.

두 사람은 40초 이내에 언제든지 멈춰 설 수 있는데, 멈추는 그 순간 두 사람의 위치와 기준점이 이루는 삼각형의 넓이 만큼 땅을 할당해 주기로 하였다.

경작지를 최대로 받으려면, 몇 초에 멈춰서야 하는가?

개요) 이렇게 글이 많은 문제를 접하면 아이들은 우선 머리를 아파한다. 그것은 한 번에 내용을 파악하고 싶은데, 글이 많아 그것이 생각대로 잘 안되기 때문이다. 어떻게 하면 일관성을 가지고 내용을 파악할 수 있을까? 이제 위의 내용을 어떻게 논리적으로 접근하여, 정확하게 목표에 도달 할 수 있는지 표준문제해결과정에 맞추어 진행해 보도록 할 것이다.

표준문제해결과정

1. 내용 형상화 : 세분화 및 도식화 - 주어진 내용의 명확한 이해

한꺼번에 내용을 이해하려는 욕심을 버리고, 한 구문씩 주어진 내용을 식으로 표현하여 구체화하고, 좌표상에 그림으로 형상화한다.

① 한 사람은 기준점에서 우측방향으로 100m 떨어진 곳에서 출발하여, 기준점 방향으로 초속 2m의 속력으로 움직인다.

⇒ P의 위치: 100 − 2t - ❶ ⇒ 이 내용을 좌표상에 표현

② 나머지 한 사람은 기준점에서 위쪽 방향으로 10m 떨어진 곳에서 출발하여, 기준점과는 반대방향으로 초속 5m의 속력으로 움직인다.

⇒ Q의 위치: 10+5t - ❷ ⇒ 이 내용을 좌표상에 표현

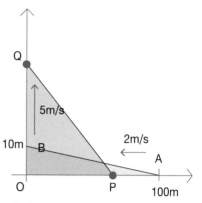

2. 목표 구체화 : 구체적 방향 설정 및 필요한 것 찾기

형상화된 우측 그림을 통해 구하는 목표가 △QOP의 넓이임을 쉽게 확인할 수 있다.

$S(\triangle QOP)$ = s(t) = (100−2t)(10+5t)/2 (단, $0 \leq t \leq 40$)

즉, 주어진 구간 내에서 이차함수 s(t)의 최대값을 구하는 문제임을 알 수 있다.

3. 적용이론(길) 찾기 : 필요한 것을 얻기 위한 적용이론 찾기

- 이차함수의 최대값 구하기

s(t) = (100−2t)(10+5t)/2 = (1000+480t−10t²)/2 = -5(t−24)²+3380

4. 계획 및 실행: 우선 순위 결정 및 실행

면적함수 s(t)는 t = 24일 때, 최대값 6760을 갖는다.

즉 둘 중 한 명이 24초 후에 멈춰서면, 최대의 경작지를 할당 받을 수 있다.

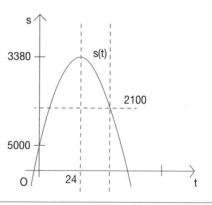

- 유형별 문제풀이 방법을 외우는 것이 아니라, 논리적으로 문제해결 실마리를 찾아가는 사고과정 훈련

→ 복잡하다고 느껴질 경우, 한꺼번에 하려고 하지 말고, 쉬운 단위로 쪼개어 하나씩 구체
  화/형상화

- 다양한 측면에서 해당 이론의 변형 및 반복적용을 통한 적용능력 향상 및 이론 숙지 효과
- 이론간의 연결 적용을 통한 자신의 지식지도의 확장

Case5. 고1 - 함수

◎ 문제 : 연립부등식 $0 \leq y \leq -x$, $y \leq x+3$을 만족시키는 실수 x, y에 대하여
      x^2+y^2의 최대값을 구하여라.

개요) 이 문제를 단순하게 주어진 범위내의 숫자들을 대입하여 최대값을 구하여
   들면, 상당히 번거로운 작업이 될 뿐아니라, 어떤 값을 구하더라도 정답에
   대한 확신을 갖기도 어렵게 된다.

이제 위의 내용을 어떻게 논리적으로 접근하여, 정확하게 목표에 도달 할 수 있는
지 표준문제해결과정에 맞추어 진행해 보도록 할 것이다.

표준문제해결과정

---

1. 내용 형상화 : 세분화 및 도식화 - 주어진 내용의 명확한 이해

① 주어진 조건들이 이미 식으로 주어져 있으므로, 각각에 번호를 붙이고, 그
   내용을 공통의 좌표 평면 위에 종합하여 표현한다.

   $0 \leq y \leq -x$ - ❶

   $y \leq x+3$ - ❷

② 형상화된 두 가지 조건을 종합하여 보니, 겹쳐진 부분이 구체적인 대상임을
   확인할 수 있다.

---

2. 목표 구체화 : 구체적 방향 설정 및 필요한 것 찾기

- x^2+y^2의 형상화

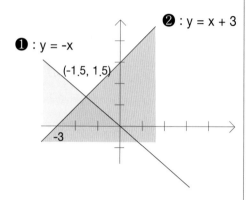

① $x^2+y^2 = k$라 놓으면, $x^2+y^2 = (\sqrt{k})^2$이 되므로 이 목표는 주어진 범위의 점들을 대상으로 하는 원을 그릴 때, 그 원의 반지름의 제곱에 해당된다는 것을 알 수 있다.

3. 적용이론(길) 찾기 : 필요한 것을 얻기 위한 적용이론 찾기

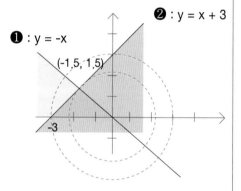

- 구체화된 범위의 점들을 대상으로 하여, 형상화된 목표의 궤적인 원을 투영하면, (-3, 0)점을 지날 때, 원이 최대가 된다는 것을 알 수 있다.

4. 계획 및 실행: 우선 순위 결정 및 실행

- (-3, 0)를 지나는 원의 반지름의 제곱 = 9
- → 적용된 이론 : 일차 부등식 좌표에 표현하기, 원의 방정식

- 유형별 문제풀이 방법을 외우는 것이 아니라, 논리적으로 문제해결 실마리를 찾아가는 사고과정 훈련
- 다양한 측면에서 해당 이론의 변형 및 반복적용을 통한 적용능력 향상 및 이론 숙지 효과
- 이론간의 연결 적용을 통한 자신의 지식지도의 확장

실마리가 잘 안 풀릴 때

1. 주어진 내용을 모두 형상화했는지 점검한다. (정확한 문제 내용의 이해)

- 필요에 따라 문장을 식으로, 식을 그래프로, 그리고 종합하여 표현해야 한다.
  종합하여 표현할 경우, 문맥상에 숨어있는 조건들을 손쉽게 찾아낼 수 있다.
- 겉으로 표현된 내용 뿐만 아니라 용어의 정의 자체가 내포하고 있는 조건들도
  활용해야 한다.

2. 실마리를 찾기 위한 정보로서 형상화된 내용이 모두 이용되었는지 점검한다.
정제된 문제일 수록, 문제에 표현된 모든 내용들은 나름대로의 주어진 이유가 있
다. (표현된 모든 정보의 이용)

- 주어진 변수가 자연수일 경우, 분수 및 곱셈의 형태를 취하면 대상 값의 범위
  를 한정시킬 수 있다.
- 단순 선언문과 같이 특정한 식의 형태로 주어진 값이 0이 아니라면, 그만한
  이유가 있다. 형태로부터 왜 그렇게 주어졌을 지를 생각하면 접근 방향을 좁힐
  수 있다.

3. 올바른 적용이론의 선택은 문제에 주어진 조건들과 연관하여 생각하여야 한다.
즉 내용상에 힌트가 있는 경우가 많다. (문제 자체에 실마리가 포함되어 있다)

- 도형상에 중점이 표시되어 있다면, 중점연결정리와 같이 중점과 관련된 이론
  을 적용할 방법을 찾아본다.
- 두 직선의 길이의 합에 대한 대소 및 범위 비교는 삼각형의 관련 정리와 연관
  된 경우가 많다.
- 특별한 조건이 주어지지 않은 두 값의 합에 대한 범위 값에 관한 문제는 산술
  평균/기하평균/조화평균에 관련된 경우가 많다.

4. 주어진 내용의 특수한 형태가 왜 만들어 졌는지 생각해 본다. (특수한 형태가 가지는 이유)

    - 계산된 결과가 아닌 과정의 형태로 문제식이 주어졌다면, 그 자체가 답을 풀어가는 실마리가 된다.

5. 문제를 풀어 가는 방법에는 항상 연역적으로 단계를 밟아가는 방법만 있는 것이 아니다. (목적지에 가는 방법은 여러 가지가 있다.) 생각의 방식을 바꾸어 보자.

    - 대우증명법 : 직접적인 대상 집합이 눈에 보이지 않을 경우, 그 여집합에 해당하는 내용을 규명함으로써 그 대상의 내용을 확정하려 할 때 유용하다.

    - 귀류법 : 결론을 부정하면 그 명제의 가정도 모순됨을 보여 그 명제가 참일 수밖에 없다는 것을 증명하는 방법

    - 귀납법적인 접근 : 개별적인 특수한 현상으로부터 일반적인 명제를 끌어내는 방법

    → 수학적 귀납법 : 초기값이 참 & $P(n)$이 참 → $P(n+1)$이 참 ⇒ $P(n)$은 참

    - 틀에 관한 문제 : 적어도, 최소한의 개수 등에 관한 문제는 비둘기집(바스켓) 관련 정리를 생각해 본다.

이상 소개된 내용들은 모두 주어진 상황을 정확히 이해하고 구체화하여, 가장 효과적으로 목표를 찾아가는 방법, 길을 찾기 위한 점검 사항들이다.

그런데 마음이 급하면, 조금씩 접근방식이 틀어 지게 된다. 이럴 경우 발생하는 대표적인 경우에 대해 살펴보자.

첫 번째는 냉정히 상황분석을 하나씩 하기 보다는 빨리 그리고 쉽게 하는 방법, 즉 한번에 목표 지점을 찾아갈 수 있는 Short-Cut을 찾게 된다. 그러한 마음 상태는

기존에 알고 있던 유사한 패턴에 현재 상황을 인위적으로 끼워 맞춰 보려는 시도를 하게 하는데, 대부분 어려운 문제는 이러한 시도가 당사자를 미궁으로 빠뜨리는 결과를 낳게 된다.

물론 상황이 딱 맞아 떨어질 경우, 패턴적용은 실행시간을 단축시켜주므로 무척 유용하다. 그러나 패턴 적용에 앞서 반드시 정확한 상황판단을 위한 논리적 사고과정이 우선 되어야만 한다.

두 번째는 눈에 보이는 조건들은 어느 정도 구체화를 했으나, 급한 마음에 전체적으로 상황을 돌아보지 못해 문맥상에 숨어 있는 조건들을 이용하지 못하는 경우이다. 이런 경우 현재 나타난 조건들만을 이용해서 경로를 찾다 보니, 그 범위가 너무 넓어 찾기가 쉽지 않은 것이다. 때론 이것 저것 시도해 보다가 우연히 목표경로를 찾기도 하지만, 우연함에 뭔가 찜찜함을 느끼게 된다.

부정방정식의 풀이는 이 경우의 연장선상에 있다.

일반적으로 주어진 조건들 모두 구체화하면, 즉 한 문장씩 대응하는 식으로 옮기면, 대부분 미지수의 수와 관계식의 수가 일치하게 된다. 따라서 연립방정식을 푸는 것이 실행의 주 내용이 된다. 그런데 주어진 식의 개수가 미지수의 개수보다 적을 경우, 일반적으로 해가 무수히 많게 되기 때문에, 아무리 식을 변형시켜 보아도 문제를 풀 수 없게 된다. 즉 연립방정식을 푸는 일반적인 방법으로는 특정 해를 구할 수 없는 것이다.

만약 여러분이 무작정 해를 구하러 나서기에 앞서, 잠시 숨을 돌려 전체적인 상황을 돌아 보고 어떤 접근방법이 좋을 지 결정하는 순간을 가질 수 있다면, 그래서 별다른 조건이 더 이상 없음을 확인한다면, 이 문제는 부정방정식의 케이스임을 알아차릴 수 있을 것이다. 그리고 앞서 부정방정식의 풀이방법에서 소개된 것처럼 선언문과 같은 준 조건을 이용하여 케이스를 제한하는 방법을 생각해내어 효과적으로 접근해 나갈 수 있을 것이다.

세 번째는 명시적인 조건 뿐만 아니라 숨어 있는 조건들도 찾아 냈으나, 그것을 구체화적으로 표현해 놓지 않아서 정작 목표경로를 선택할 때는 생각했던 조건들을 이용하지 못하는 경우이다. 이것은 평소 잘하는 학생들도 종종 범하는 실수이다.

긴장상황에서도 이성적으로 접근하여 문제풀이에 있어 일관성을 확보하는 것 또한 학생들이 반드시 훈련을 통해 갖추어야 하는 덕목이다.

03

틀린 문제를 통해,
반드시 실력향상의 기회를 잡아라

1. 문제 클리닉의 목적

문제 클리닉의 근본적인 목적은

해당 문제에 대한 효과적인 풀이방법을 찾아내어 그 자체를 익히는 것이 목적이 아니라, 틀린 이유를 통해 문제를 풀어 가는 데 있어 현재 자신을 지배하고 있는 일련의 사고 과정(/판단 기준)을 바로잡기 위해서이다.

주어진 상황에 따라 달라져야만 하는 목표지점을 찾아가는 길은 외워야 할 대상이 아닌 것이다.

문제를 틀린 이유는 크게 보면, 다음의 두 가지로 분류할 수 있다.

하나는 이론의 이해가 부족하여, 문제에 표현된 해당 내용을 형상화/구체화 하지 못하는 것이고,

둘째는 문제풀이를 위한 일련의 논리적인 사고과정이 정립되어 있지 않거나, 전개의 깊이가 충분하지 못하여, 효과적인 사고의 전개를 하지 못하는 것이다.

따라서 틀린 문제에 대한 해결 방법 자체를 아는 것보다 어디서 틀렸는지 확인하고 그리고 왜 틀렸는지 찾아내어, 현재 자신에게 체득된 부족한 사고방식에 변화를 주고, 그것을 향상시키는 것이 더욱 중요하다 하겠다.

→ 틀린 문제에 대해, 다시 시도해보고 문제를 맞췄을 때, 맞았다고 그냥 넘어갈 것이 아니라, 처음의 접근 방식에서 어디서 틀렸는지 확인하고 그리고 왜 틀렸는지 찾아내는 것이 중요하다.

왜냐하면 처음의 접근방식이 현재 나를 지배하고 있는 체득된 사고방식이기 때문이다.

2. 표준클리닉 과정

❶ 표준클리닉과정 첫 번째 : 표준문제해결과정의 점검을 통해, 잘못한 부분 찾아내기

① 내용의 형상화 : 세분화 및 도식화
문제 내용의 명확한 이해를 통해 현재 나에게 주어진 조건들이 무엇 무엇인지를 찾아낸다.
→ **형상화 부족** : 관련이론의 이해 부족으로 주어진 단위문장을 도식화하지 못한 경우

1 ✔	형상화 부족
2	목표 상실
3-1	모든 조건을 이용하지 않음
3-2	적용이론에 대한 이해 부족
4	실행 실수

② 목표의 구체화 : 구하는 것 확인 및 그에 따른 필요한 것 도출 형상화된 목표를 통해 내가 가야 할 방향을 설정하고 그에 따라 필요한 것을 찾는다.
→ **목표에 대한 구체화 부족** : 고민의 범위가 너무 넓은 경우

③ 이론 적용 : 적용이론(길) 찾기 목표에 도달하는 수 많은 방법 중, 현재 주어진

상황에 적합한 방법(길/이론)을 찾는다.

난이도에 따라 단계적 이론 적용이 필요한 경우도 발생한다.

1	형상화 부족	
2	목표 상실	
3-1 ✓	모든 조건을 이용하지 않음	
3-2	적용이론에 대한 이해 부족	
4	실행 실수	

→ **3-1. 모든 조건을 이용하지 않음** : 주어진 모든 조건을 이용하지 않음에 따라, 현재 상황에 맞지 않는 이론(길)을 선택한 경우

→ **3-2. 효과적인 접근방법을 찾아 내지 못함** : 숨어 있는 조건들을 찾지 못했거나, 종합적인 판단 실수로 비효율적인 접근방법을 적용한 경우

④ 계획 및 실행, 그리고 정리 : 실행순서 및 변경관리 우선순위 및 효과적인 실행 방법을 가지고 할 일에 대한 순서 및 시간계획을 세우고, 실천에 따른 변경관리를 수행한다.

→ **비효율적인 실행** : 실행의 순서가 잘못된 경우

❷ 표준 클리닉 과정 두 번째 : 발생한 원인 찾아내기 (Where → Why)

클리닉을 하는 목적은 결과적으로는 자신의 행동에 변화를 주기 위해서 이다. 그래야만 뭔가 다른 결과를 기대할 수 있기 때문이다. 행동의 변화가 없다면, 상응하는 결과의 변화도 없다. 그리고 변화의 방향이 맞다면, 우리는 변화의 노력에 따른 최적의 결과를 기대할 수 있게 된다.

말하자면 잘못된 결과에 대해, 현재 자신의 행동을 돌아보고, 어디에 문제가 있었는지, 잘못된 부분을 찾는 목적은 최적의 행동 변화를 주기 위한 구체적인 방향을 설정하기 위해서 이다. 그리고 구체적인 행동변화를 주기 위해서는 Where(어디서?)를 통해 Why(왜?)를 찾아야 하는 것이다.

문제를 틀린 이유는 크게 보면, 다음의 두 가지로 분류할 수 있다.

첫째는 이론의 이해가 부족하여, 문제에 표현된 해당 내용을 형상화/구체화 하지 못하는 것이고,

둘째는 문제풀이를 위한 일련의 논리적인 사고과정이 정립되어 있지 않거나, 전개의 깊이가 충분하지 못하여, 효과적인 사고의 전개를 하지 못하는 것이다.

표준문제해결과정을 살펴보면, 가장 기본으로서 제시된 문장(/구)을 하나씩 식으로 표현해 감으로써 주어진 내용/목표를 형상화/구체화 하도록 가이드하고 있는데, 만약 이 부분을 실행하지 못했다면, 그것은 관련이론에 대한 이해부족으로 볼 수 있다.

이것을 제외한 나머지 부분에 대한 원인은 자신에게 아직 문제풀이를 위해 일관성 있게 적용할 수 있는 일련의 논리적인 사고과정이 정립되어 있지 않거나, 사고의 전개 깊이가 충분하지 못하다고 볼 수 있다.

위의 첫 번째 점검과정에서 녹색으로 표시된 부분이 이러한 Why에 해당되는 내용이라 할 수 있다.

❸ 표준 클리닉 과정 세 번째 : 원인조치를 통한 부족한 부분의 개선 그리고 체득화

원인을 찾았으면, 이제 요구되는 행동(/사고)의 변화를 주어야 한다. 그리고 꾸준한 적용노력을 통해 자신에게 새로운 변화를 체득시켜야 한다.

- "행동의 변화가 없다면, 상응하는 결과의 변화도 없다."

① 클리닉을 수행한 문제는 가능하면 당일 꼭 다시 풀어보고, 그 클리닉 사항이 맞는지 스스로 확인해야만 한다.

② 틀린 문제에 대한 이유 적기 : Where → Why 에 초점을 맞추어 구체적으로 적는다.

- 표준문제해결과정에 준하여 자신이 실수한 부분에 대한 정확한 원인 자각

- 구체적인 행동의 변화를 주기 위한 주안점 찾기

→ 실제 행동의 변화는 마음 먹었다고 금방 오는 것이 아니다. 일정기간 꾸준히 적용노력을 해야 생기는 것이다. 따라서 일정 시간이 지난 후에 자신의 변화를 뒤돌아 보는 것이 필요한데, 이렇게 적어 놓은 구체적인 이유는 그러한 점검을 하는데 아주 유용한 수단이 된다. 예를 들어 시험 때, 틀렸었던 문제를 모두 풀어보는 것이 아니라, 이렇게 적어 놓은 이유를 살펴보고 자신의 사고방식이 과연 변했는지 확인해 보는 것이다. 만약 이제는 더 이상 같은 실수를 하지 않는다는 것을 확인할 수 있다면, 자신의 실력이 그만큼 늘었음을 느끼게 될 것이다. 그래도 ☆☆ 문제는 그 당시 스스로 해결을 못했던 문제이므로, 다시 풀어보기를 권장한다.

〈적용 시 유의 사항〉

❶ 시간이 지나면 잘 생각이 나지 않기 때문에, 최소한 한 단원이 넘어가기 전에 채점을 하고, 틀린 문제에 대해 클리닉을 수행하여야 한다. 그리고 다시 풀어본 후, 틀린 문제들에 대해 구체적인 이유를 적는 것으로 마무리를 하여야 한다.

❷ 연습장에 구체적인 과정을 써가며, 문제풀이를 하도록 한다. 그래야만 클리닉 수행시 자신이 어디에서/왜 실수를 했는지 정확히 알아 낼 수 있다. 명심해야 할 것은 클리닉을 하는 가장 중요한 이유는 틀린 문제에 대한 해결 방법을 아는 것이 아니라, 현재 자신에게 체득된 일련의 사고방식에 변화를 주고, 그것을 향상시키는 데에 있다. 상기하면 수학공부는 문제풀이 방법을 외우는 것이 아니라, 문제를 풀어가며 논리적인 사고과정을 연습하는 것이기 때문이다.

❸ 틀린 문제에 대해, 다시 시도해보고 문제를 맞췄을 때, 맞았다고 그냥 넘어갈 것이 아니라, 처음의 접근 방식에서 어디서 틀렸는지 확인하고 그리고 왜 틀렸

는지 찾아내는 것이 중요하다. 왜냐하면 처음의 접근방식이 현재 나를 지배하고 있는 체득된 사고방식이기 때문이다.

이 클리닉 과정에서 중요한 점은 같은 실수를 반복하지 않기 위해서 어떻게 행동/사고의 변화를 할 것인가를 찾는 것이다. 즉 생각 상의 원인을 찾는 것보다 한 단계 더 나아가야 한다. 예를 들어 관련이론의 이해부족이라는 원인이 나왔다면, 단순히 원인을 생각하는 것에 그칠 것이 아니라. 1차적으로는 이 기회에 관련이론을 다시 공부하여 구체적인 지식지도를 바로 잡아야 할 것이며, 2차적으로는 그러한 원인을 발생시킨 현재 자신의 이론공부방법에 어떤 문제가 있는지 살펴보아야 하는 것이다. 단순히 외우지 않았는지, 선생님의 설명을 듣고 기본적인 이해(10% 또는 50%)는 하였으나 추가적인 노력을 게을리하여 온전히 이론의 내용을 나의 것으로 만들지 못했는지 알아차려야하는 것이다. 그리고 다음 이론 공부 시 그러한 깨달음을 실천에 옮겨야 하는 것이다. 즉 실질적인 변화는 구체적인 실천을 통해서만 만들어 진다는 것을 명심하여야 한다.

③ 이론의 내용이 생각나지 않았을 경우, 관련된 부분 뿐만 아니라 해당 이론 전반에 대한 자신의 이론을 다시 점검할 기회를 갖는다. 왜냐하면 그 이론을 잊었다는 것은 그만큼 반복 기회가 적었다는 것을 의미하므로, 비슷한 처지에 있는 주변 내용을 같이 돌아보는 것이 필요하기 때문이다.
이론에 대한 새로운 시각을 알아낸 경우, 새롭게 알아낸 내용(길)을 반영하여 자신의 지식지도를 확장한다.

④ 일련의 논리적인 사고과정에서 발생하는 이유에 대해서는 어느 과정에서 자신이 반복적으로 실수를 하는 지 인지하여, 다음 문제 풀이 시 반영하도록 해야 한다. 그러나 실효적인 사고의 변화는 이후 유사한 문제들을 통해 몇 번의 반복

적용을 하고, 관련 근육이 만들어 졌을 때 발생한다. 그러기 때문에, 일정기간 이 지난 후에 점검하는 것이 필요하다.

각 문제 별로 적어 놓은 구체적인 틀린 이유는 시험 때, 그 동안 자신이 정말 바뀌었는지 그래서 실질적인 능력이 향상되었는지 점검하는 것을 가능하게 한다.

- 시험 때는, 주 교재상에 틀린 문제 별로 쓰여진 내용들을 읽어 봄으로써 그러한 점검을 수행하고, 그 동안 자신이 얼마나 바뀌었는지 확인한다. 단 별 두 개로 체크된 문제들에 대해서는 직접 다시 풀어 봄으로써 자신의 행동변화를 점검한다.

- 이러한 점검과정은 과거와 다른 자신의 변화를 느껴 봄으로써, 뿌듯함을 가질 수 있는 순간이 될 것이다.

✓ 체득화에 대한 이해

→ 아무리 훌륭한 수영방법을 설명 들었을지라도 바로 수영을 잘 할 수는 없다. 왜냐하면 그 학생의 몸에는 그 동작을 수용할 수 있는 근육이 현재 없기 때문이다. 필요한 근육이 만들어 져야 비로서 정확도와 속도를 가지고 그 동작을 잘 할 수 있게 될 것이다. 이렇게 각자의 단계/수준에 따라 요구되어지는 근육을 만들어 가는 과정이 사고력단계 향상과정에 대한 형상화된 모습이라 할 수 있다.

→ 근육은 일정기간 동안의 꾸준한 집중노력을 통해서만 만들어진다. 집중노력의 의미는 땀이 날 정도로 강도 높은 운동을 해야 근육이 만들어 지는 것이지, 쉬엄쉬엄 산책하듯이 운동하면 근육이 만들어 지지 않는 것을 뜻한다. 마찬가지로 사고력 향상은 집중적인 공부습관을 들일때 비로서 효과적으로 이루어진다.

→ 단계가 높을수록 세밀한 근육의 형성을 필요로 한다. 낮은 단계의 사고는 일반적으로 형성되는 기본 근육으로도 수용할 수 있으나 높은 단계의 사고를 하기 위해서는 사고과정에 대한 정확한 훈련을 통해 필요한 사고의 근육을 만들어야 한다.

3. 올바른 클리닉 과정을 통한 이론 이해 단계의 발전모습

이론학습   이해의 모습

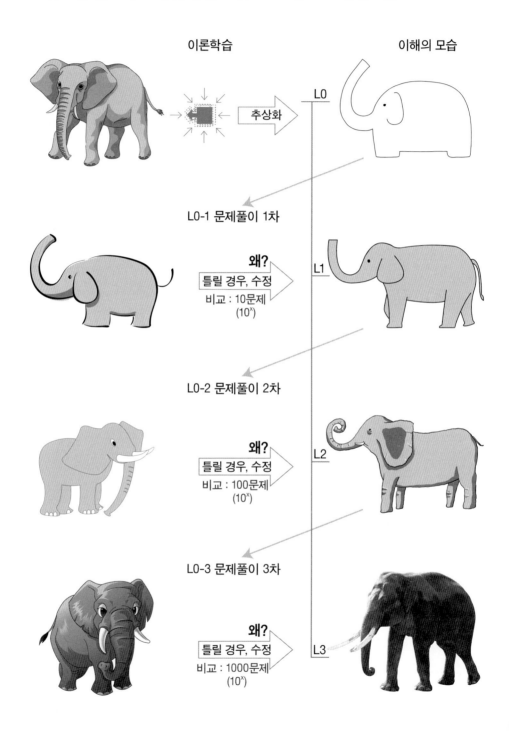

추상화   L0

L0-1 문제풀이 1차

왜?
틀릴 경우, 수정   L1
비교 : 10문제
(10^x)

L0-2 문제풀이 2차

왜?
틀릴 경우, 수정   L2
비교 : 100문제
(10^x)

L0-3 문제풀이 3차

왜?
틀릴 경우, 수정   L3
비교 : 1000문제
(10^x)

앞서 설명한 바와 같이

아이들은 해당 단원에 대해 처음 이론공부를 마쳤을 때, 각자의 사고력 단계에 따라 대상 이론에 대한 각기 다른 수준의 이미지를 갖게 된다.

그리고 이렇게 형성된 최초의 이론에 대한 이미지를 가지고 문제풀이를 접하게 된다. 그런데 자신이 이해했던 방향과 다른 시각에서 비춰진 이론의 이미지가 문제에서 제시되면, 그것을 해당 이론과 쉽게 연결시키지 못하게 된다. 결국 주어진 내용을 구체화시키지 못하여 문제를 틀리게 될 것이다.

그런데 문제를 틀린 원인을 정확히 파악하는 과정에서, 잘 모르고 있었거나 이해가 부족한 이론들을 찾아내게 된다면, 문제에서 제시된 시각에서 해당이론을 다시 점검할 기회를 갖게 될 것이다. 그리고 이 기회를 이용해 이론의 이해수준을 한 단계 더 높일 수 있게 될 것이다.

즉 단순히 유형별 문제풀이 방법을 외워서 적용하는 것이 아니라, 논리적 사고과정을 통해 문제를 풀이하고 틀린 문제에 대한 원인을 정확히 찾아낸다면, 학생들은 현재 자신이 가진 일련의 사고과정에 대한 향상 뿐만 아니라 이론에 대한 이해수준을 계속해서 끌어 올릴 수 있을 것이다.

정리하면, 논리적 사고과정에 의거한 문제풀이 과정은
- 기본적으로 사고의 깊이를 더할 수 있는 논리적 사고과정에 대한 효과적인 훈련 방법이다. 이때 일관성 있는 논리적 사고과정의 기준이 되는 도구가 바로 표준문제해결과정이다.
- 자신이 훈련하고 있는 난이도(/사고력 레벨)에 따라 요구되어 지는 이론의 이해 정도가 부족한 이론들을 찾아낼 수 있는 좋은 방법이다.

효과적인 문제해결방법 학습 : 다양한 문제풀이를 통한 사고의 과정 점검

- 표준문제해결과정을 기준으로 부족한 부분 찾아내기

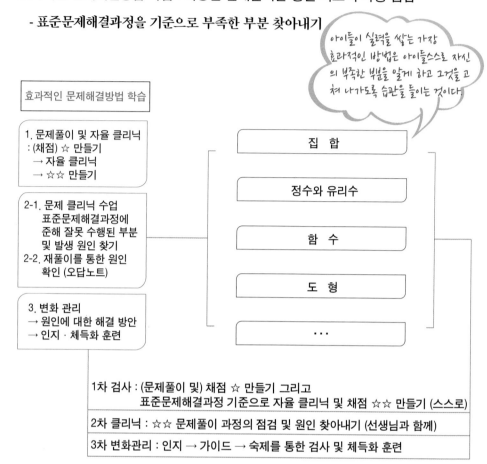

아이들이 실력을 쌓는 가장
효과적인 방법은 아이들스스로 자신
의 부족한 부분을 알게 하고 그것을 고
쳐 나가도록 습관을 들이는 것이다.

효과적인 문제해결방법 학습

1. 문제풀이 및 자율 클리닉
: (채점) ☆ 만들기
→ 자율 클리닉
→ ☆☆ 만들기

2-1. 문제 클리닉 수업
표준문제해결과정에
준해 잘못 수행된 부분
및 발생 원인 찾기
2-2. 재풀이를 통한 원인
확인 (오답노트)

3. 변화 관리
→ 원인에 대한 해결 방안
→ 인지 · 체득화 훈련

집 합

정수와 유리수

함 수

도 형

…

1차 검사 : (문제풀이 및) 채점 ☆ 만들기 그리고
표준문제해결과정 기준으로 자율 클리닉 및 채점 ☆☆ 만들기 (스스로)

2차 클리닉 : ☆☆ 문제풀이 과정의 점검 및 원인 찾아내기 (선생님과 함께)

3차 변화관리 : 인지 → 가이드 → 숙제를 통한 검사 및 체득화 훈련

※ 문제풀이수업에서의 선생님의 역할

- 표준문제해결과정을 기준으로 아이들이 잘못하고 있는 부분을 찾아낸다.

- Where → Why : 왜 그러한 잘못이 야기되었는지 그 원인을 파악한다.

대표적인 원인으로는

→ 단순 공식 암기로 인해 이론에 대한 이해가 부족하여, 주어진 내용의 형상화
를 잘 못한다.

→ 빨리 답을 구하려는 마음이 앞서, 주어진 조건들을 모두 활용하지 못하고, 눈

에 띠는 몇 개의 조건에 매달린다.

→ 용어의 정의 자체에 함축되어 있는 조건 등 문맥상에 숨겨진 있는 조건들을 잘 이용하지 못한다.

→ 논리적으로 생각하는 습관이 들지 않아, 단순히 풀이 방법을 외우려 한다.

- 파악된 원인에 대해, 아이들이 스스로 인지하도록 하고, 재발방지를 위해 어떤 변화가 필요한 지 생각하도록 한다.

- 틀린 문제들에 대해, 제 때에 클리닉을 수행한 후 틀린 이유를 구체적으로 적어 놓았는지 확인한다.

"틀린 문제에 대한 마무리는 구체적인 이유를 가지고!"

※ 클리닉수업 규칙

〈이론 클리닉〉

공부한 내용 중 스스로 설명할 수 없는 부분을 체크하여 질문을 한다.

→ What이 아니라 Why에 초점을 맞추어 질문을 하라.

   왜냐하면 Why가 이론간의 연결을 대한 자연스런 시도로부터 나오기 때문이다.

〈문제 클리닉〉

① 문제를 풀고 채점을 한 후, 틀린 문제에 대히 ☆표시를 한다. 이때, 정답지의 풀이과정은 보지 않도록 한다.

   - 바로 풀이 과정을 본다면, 접근방식의 선택을 위한 자신의 판단 훈련 기회를 잃게 된다.

② 각 단원(범위)별로 ☆문제들에 대해, 표준문제해결과정에 준해서 자신의 연습장에다 셀프 클리닉을 한다.

③ 다시 채점을 한 후, 맞은 문제는 ☆에 ○를 치고, 틀린 구체적인 과정 및 왜 그렇게 틀린 사고를 하게 되었는지 생각하여, 구체적인 원인을 적는다. 그리고 여전히 모르는 문제에 대해서는 ☆☆를 표시한다.

④ ☆☆ 문제들에 대해, 자신의 풀이과정(고민의 내용)을 담은 연습장을 준비하여, 선생님께 클리닉 요청을 한다.

⑤ 클리닉을 수행한 문제들에 대해서는 수업시간 또는 당일 (오답노트에) 표준문제해결과정에 준해, 다시 풀어보고 정리하도록 한다. 그리고 틀리게 된 구체적인 이유를 적고, ☆☆에 ○를 침으로써 마무리를 하도록 한다.

04

체득화를 위한 훈련과정

최고의 자유형 수영영법을 배웠다고 해서 그 다음날부터 수영을 잘할 수 있는 것은 아니다. 비록 내용 측면의 영법(이론)은 배웠지만, 주가 되는 동작들에 관한 것일 뿐, 모든 경우에 대한 세부동작을 알고 있는 것은 아니기 때문이다. 또한 실행측면에서 아직은 해당 동작을 수행할 힘도 없고 감각도 없다. 즉 요구되어지는 수준의 수영을 잘 할 수 있기 위해서는 그에 따른 실질적인 몸의 변화가 뒤따라야만 한다. 즉 꾸준한 훈련을 통해 필요한 관련 근육들이 생겼을 때 비로서 해당 영법을 소화해 낼수 있는 힘과 감각이 갖춰지는 것이다.

공부도 마찬가지 이치를 따른다.

같이 이론을 공부했더라도, 학생마다 이해에 대한 이해 수준이 다르고, 문제해결 능력 또한 다르다.
그래서 문제에 대한 틀린 원인 또한 다를 수 밖에 없다.
문제를 틀렸다는 것은 부정적인 측면에서는 즉 자신의 능력을 평가하기 위한 시험에서는 해당 수준의 문제를 풀기에는 아직 능력이 부족하다는 것을 뜻하지만, 긍정적인 측면에서는 특히 공부하는 과정에 있을 때는 능력을 향상시킬 수 있는 원인을 발견할 수 있는 계기를 마련했다는 것을 의미한다. 반대로 맞았다는 것은 긍정적인 측면은 시험에서 현재 자신의 능력이 평가수준에 다다랐다는 것을 의미하지만, 부정적인 측면은 공부하는 과정에 있을 때 현재 자신의 능력을 좀더 향상시킬 수 있는 계기를 아직 찾지 못했다는 것을 의미한다.

따라서 공부하는 과정에 있을 때는 틀렸다는 것은 자신의 현재 능력을 향상시킬 수 있는 기회를 잡았다는 것이므로, 스트레스를 받을 것이 아니라 긍정적인 자세로 임하는 것이 좋다. 비유하자면, 어떤 문제를 틀렸다는 것은 아픈 사람이 병원에 가서 어떤 검사를 통해 해당 증세가 나타났다는 것을 뜻한다. 즉 아픈데 증세가 나타나지 않는 다면, 더 큰 문제이기 때문이다.

그런데 나타난 증세를 통해 해당 문제의 발생 원인을 찾아 해결하지 못한다면, 그것 또한 비용만 치르고 시간을 허비한 것과 마찬가지가 될 것이다.

우리는 전문가와의 클리닉 과정을 통해 문제 발생에 대한 해당 원인을 찾아야만 한다. 그것이 첫 번째 할 일이며, 이때 학생이 문진 및 검사를 똑바로 해야만 전문 선생님이 제대로 도와줄 수 있을 것이다. 그러나 원인을 찾았다고 해서 아직 문제가 해결된 것이 아니다. 중요한 치료과정이 남아 있기 때문이다. 즉 선생님이 내려준 처방전에 따라, 학생이 필요한 조치를 취할 때 비로서 문제는 해결되기 시작할 것이다. 이때의 치료과정을 비유하면, 필요한 내용을 비로서 자기 것으로 만들어가는 체득화/습관화 과정이라 할 수 있다. 그리고 이것은 꾸준한 노력이 수반되어질 때에만 비로서 결실이 만들어 진다. 이것에 관여된 수행능력이 바로 실천능력이고, 이는 성취감/끈기/인내 등으로 달리 표현되어 지기도 한다.

이러한 실천능력에 대한 수준은 사고의 근육 형성 정도에 따라 결정되어 진다. 근육이 쌓일 수록, 해당 사고과정을 수행하는 정확도와 속도는 빨라질 것이고, 다음 단계로 진입할 수 있는 기저를 마련하게 될 것이다.

자신의 능력을 효과적으로 향상시키기 위해서는 잘못의 원인을 찾아내는 과정뿐만 아니라, 개선된 사고/행동의 체득화/습관화 과정 또한 무엇보다도 중요한 일임을 잊지 말아야 한다. 그리고 처음에 습관을 들이기까지는 무척 어려우나, 한번 습관이 들면 그러한 과정이 점점 수월해 진다는 것을 알고, 최초의 변화에 꽤 공을 들여야 할 것이다.

- 주요 평가기준 : 일일 자율집중 공부시간

※ 논리사고력 관점에서의 효과적인 실력향상을 위한 훈련과정 전반에 대한 정리

① 훈련을 위한 논리적인 사고과정에 대한 기준 체계
　→ 표준 문제해결과정 : 수영방법 (코칭)

② 수준에 맞는 훈련 방법 및 훈련 량의 가이드
　→ 사고력 향상을 위한 일일 집중공부시간 vs 근육향상을 위한 하루 집중훈련시간
　→ **실질 사고근육의 생성 시간 : 실력이 쌓이는 시간**

③ 훈련의 평가 및 개선방법 가이드
　→ 기준 체계 : 표준 클리닉과정 (코칭)
　→ 개인별로 잘못하는 부분의 지적 및 개선방법 가이드 (코칭)
　→ 틀린 문제에 대한 구체적인 원인쓰기
　→ **개인별 훈련의 방향 설정**

④ 주기적인 훈련과정의 점검 및 훈련성과의 평가

　→ 코치에 의한 훈련과정 전반에 대한 모니터링 (관리)

　→ 주기적인 향상과정의 자율 점검 그리고 정기테스트에 대한 준비

　→ 훈련 내용의 주기적인 점검 및 테스트 준비 : 일정 시간이 지난 후,
　　틀린 문제들에 쓰여진 원인들을 점검해 봄으로써 요구된 각 변화에 대한 체
　　득 내용 평가

　→ 정기테스트 및 평가 (관리)

❶ 사고력단계에 따른 아이들의 기본 성향에 대한 이해 및 **바람직한 훈련 방향**
(Recap)

1. 사고력 Level 0 - 1 단계

① 기본 행동 자세

　주로 앞만 보고 간다. 목표 지점에 가는 것 외에 다른 것은 별로 관심 없다.

　현재 상황패턴을 인식하기 위한 정도로 주위를 돌아 본다.

　충분한 근육이 없어, 돌아다니는 것을 힘들어 한다.

　- 깊이 있게 사고를 하는 것을 힘들어 한다.

　- 남의 입장을 생각하여, 그에 대한 배려를 하기 힘들다.

　문제가 생기면, 원인을 파악해서 재발을 막을 생각을 하진 않고, 단지 문제를 없
　애려고만 한다. 그리고 잘 안되면, 원인을 찾을 엄두는 안 남으로 주변 환경 탓
　을 하거나 재수가 없다고 한다.

② 수학 공부 자세

　문제풀이 공부는 패턴 별로 문제풀이방법을 익히려(외우려)한다. 그래서 문제
　풀이 방법은 문제패턴을 인식하고 문제해결방법을 기억해내려 한다. 이렇게 단

이번 주제의 내용은 '제1부-Part 2-03. 사고력단계에 따른 아이들의 기본 성향에 대한 이해 및 바람직
한 훈련방향'과 세부 내용이 동일하나, 이해를 위한 독자의 편의성을 위하여 중복하여 기술하였음.

순사고방식에 익숙해 있기 때문에 집중을 하여 깊이 있는 사고를 하는 것을 골치하프게 생각하며 꺼린다. 틀린 문제에 대한 클리닉은 단지 풀이방법을 설명 듣고 그 방법을 외우려고 한다.

→ 단지 문제풀이방법을 외우는 것이 아니라, 전체 사고과정 중에서 틀린 이유를 찾아 고치도록 해야 한다. 즉 점차 그러한 공부습관이 들도록 단계적으로 훈련시켜 나가야 한다.

보통 기존의 잘못된 공부습관에서 탈피하여, 새로운 공부습관을 어느 정도 몸에 베이게 하는 데는 아이들의 실천의지에 따라 최소 3개월에서 2년 이상 걸리기도 한다.

③ 내용(/수학 이론)에 대한 인식 수준

같은 내용을 들었을, 단 방향 이해만을 시도하며, 코끼리 코 등 특징적인 것만을 기억한다.

→ 이론학습 시 왜란 생각을 끄집어 내어, 질문과 대답을 통해 자연스럽게 배경이론과 신규이론이 연결되도록 해야 한다.

▶ **누구나 훈련을 통해 근육을 만들 수 있다. 왜냐하면 근육이란 순전히 땀의 대가로 만들어 지는 것이기 때문이다.** 그러나 근육이 만들어 지기 까지는 일정 기간 동안 땀 흘릴 정도의 꾸준한 노력이 필요한데, 그 기간 동안 힘든 것을 참고 이겨내는 것이 성취 경험이 없는 아이들에게는 아주 힘든 일이 될 것이다. 대개 이 단계에 있는 아이들은 의지가 약하여, 처음 몇 번 노력해 보고는 바로 결과를 원한다. 그리고 기대한 결과가 나오지 않는다면, "나는 수학에 소질이 없나 봐"하고 쉽게 포기해 버리는 경향이 많다. 즉 스스로에게서 힘든 것을 그만두려는 나름의 이유를 찾는 것이다.

따라서 이렇게 의지가 약하거나 목표의식이 없는 아이들에게는 체계적인 도움이 필요하다. 우선 단계 성취에 대한 목표를 부여하고, 그에 대한 적절한 동기부여를 통해 기본적인 실천의지를 갖추게 하는 것이 필요하다. (그래야 선생님의 설명에 집중하기 때문이다.) 그리고 일정한 성취감을 맛볼 때까지 위에 제시된 훈련 방향을 가지고 일관성 있는 교육을 하는 것이 뒤따라야 할 것이다. 그래야 자신도 할 수 있다는 성취감과 더불어, 그 기간 동안 실천을 위한 기본 근육이 만들어 지기 때문이다. 이 변화 기간이 처음 겪는 아이들에게는 분명 가장 힘든 시간이 될 것이다.

이 단계에 있는 아이들에게 훈련시켜야 할 내용의 주된 방향은 우선 논리적인 사고과정이 무엇인지를 인식시키는 것이다. 그것을 위한 기준으로 표준문제해결과정을 익히게 한 후, 4Step 사고-One Cycle에 해당하는 Level 1 사고과정이 몸에 베어 자유롭게 이루어 지도록 하는 것이다.

사실 이 단계에 교육을 받는 대부분의 학생들이 몰려 있다. 즉 교육의 주 대상 층이 되는 것이다. 그리고 이 때의 교육 방법이 아이들의 첫 번째 공부습관을 결정짓게 되므로, 아주 중요한 시기라 하겠다. 그런데 많은 학원과 학교에서 경제적인 타당성과 학생들의 수 그리고 실행의 어려움/선생님의 의지 등 나름의 이유를 가지고, 암기식 이론 공부 및 유형별 문제풀이 방법을 학습시키고 있는 실정이다. 그것이 시험이 쉬울 때는 단기간의 성과를 기대할 수 있을 뿐만 아니라, 일단은 가르치기 쉽고 아이들이 따라 하기도 쉬운 방법이기 때문이다. 그렇지만 문제는 이러한 교육방법이 아이들에게 나쁜 공부습관을 들이게 된다는 데 있다. 쉬운 데에는 그 만한 이유가 있는 것이다. 즉 사고방식의 변화가 필요한 아이들에게 그냥 원래 하던 대로 생각하라고 맞춰 주는 꼴이기 때문이다.

사고력 Level 1 - 2 단계
① 기본 행동 자세
길의 연결을 통한 지도생성에 관심을 갖기 시작한다. 그래서 좀더 주위를 관심

있게 돌아본다.

일정수준의 근육이 생성됨에 따라 좀더 돌아다니는 것이 덜 힘들게 된다.

- 어느 정도의 깊이 있는 사고를 할 수 있고, 남의 입장을 생각하기 시작한다.

② 수학 공부 자세

이론간의 연결을 시도한다. 부분적인 이론지도의 모습을 갖춘다.

문제풀이과정을 통한 다양한 시각에서의 이론의 완성도를 높여 나간다.

집중력을 발휘하는데 있어 주변 환경의 영향을 많이 받는다. 공부 잘되는 곳을 찾아 다닌다.

→ 문제풀이 시 논리적인 사고과정이 패턴에 앞서 자유롭게 적용될 수 있도록 체득해야 한다. 그리고 문제 클리닉 과정을 통해, 틀린 이유가 무엇인지 구체적으로 찾아 낼 수 있어야 한다.

→ 수학공부를 통해 개선된 사고방식이 일반 행동 자세에 반영이 되려면, 충분한 사고의 근육이 쌓여야 한다.

③ 내용에 대한 인식 수준

같은 내용을 들었을 때, 양 방향 이해를 시도하고, 점차 코끼리의 대략적인 윤곽을 그려낼 수 있다.

→ 처음 이론을 접했을 때 먼저 설명을 한다는 입장에서 이론의 내용을 꼼꼼히 읽어 본다. 이때 알고 있는 것을 넘어서 설명이 안 되는 부분을 찾아내어 수업시간을 통해 또는 스스로 그 이유를 찾아 낼 수 있어야 한다.

▶ 이 단계에 올라선 아이들은 앞 단계를 통과했던 노력을 통해 이미 기본 근육을 갖추었고, 일정한 성취감도 맛보았기 때문에, 지속적인 훈련을 하기가 훨씬 수월해진다. 그렇지만 아직 맛본 수준이기 때문에 관련 근육을 충분히 쌓고 필요한 감각을

익히는 것이 무엇보다 중요하다. 그것만이 그 다음 단계로의 도약을 가능하게 해 줄 것이기 때문이다.

이 단계에게 훈련시켜야 할 내용의 주된 방향은 2단계의 사고 깊이까지 논리적인 사고를 자유롭게 전개할 수 있도록, Level 1 기초 근육을 충분히 다지고, 점차적으로 Level 2 근육을 만들어 가는 것이다. 그것을 위해서는 표준문제해결과정 4Step 사고-Two Cycle에 해당하는 Level 2 사고과정을 인지하여야 하고, 그러한 사고의 깊이를 요구하는 난이도를 가진 문제 풀이를 통해 필요한 사고근육이 충분히 만들어 지도록 해야 한다.

사고력 Level 2 - 3 단계

① 기본 행동 자세

처음부터 지도를 만들 작정으로 주위를 관심 있게 둘러본다.

이미 온 김에 약간의 시간을 더 투자하여 일부러 돌아가 보기도 한다.

- 새로운 길을 가는 것을 두려워하지 않고, 오히려 즐긴다.

전체 입장을 고려하여, 각 상황에 맞는 최선의 선택을 생각한다.

② 수학 공부 자세

이론간의 연결을 통해 통합지도를 완성하려 한다.

이론의 이해과정이 문제풀이의 사고과정이 같음을 인식한다.

필요시 집중할 수 있으며, 그에 따라 깊이 있는 사고에 자유롭다.

→ 문제풀이를 위한 논리적인 사고과정이 긴장상황에서 조차도 자유롭게 적용 될 수 있도록 체득되어야 한다. 그리고 문제 클리닉 과정을 통해, 스스로 틀린 이유가 무엇인지 정확히 찾아 내고, 요구되어 지는 부분을 고칠 수 있어야 한다.

③ 내용에 대한 인식 수준

같은 내용을 들었을 때, 다 방향 이해를 시도하고, 실제에 가까운 코끼리의 모습을 그려낼 수 있다.

→ 혼자서 이론공부를 마친 후, 바로 난이도 2-3단계의 문제를 풀어본다. 이론에 대한 자신의 이해정도 및 표준문제해결과정의 체득수준을 점검할 수 있다.

▶ 이 단계에 올라선 아이들은 앞 단계를 통과했던 노력을 통해, 나름의 이론지도를 갖춘다면 이미 스스로 문제를 풀어 갈 수 있는 기본사고능력을 충분히 갖추었다고 본다. 이제 남은 것은 문제해결과정에 대한 속도 감각을 키우면서, 누군가의 도움 없이도 스스로 이론지도를 완성해 나갈 수 있는 능력을 갖추어야 한다. 즉 스스로 지속적인 발전을 해 나갈 수 있는 수준으로 올라서는 것이다.

이 단계에 있는 아이들에게 훈련시켜야 할 내용의 주된 방향은 3단계의 사고 깊이까지 논리적인 사고를 자유롭게 전개할 수 있도록, Level 1/2 기본 근육을 충분히 다지고, 점차적으로 Level 3 근육을 만들어 가는 것이다. 그것을 위해 표준문제해결과정 4 Step 사고-Three Cycle에 해당하는 Level 3 사고과정을 인지하고, 그러한 사고의 깊이를 요구하는 최상 난이도를 가진 문제 풀이를 통해 필요한 사고근육을 만들어 가야 한다.

결언

실력이 가장 빨리 느는 방법에 대한 청사진

이론 학습과정

문제풀이 학습과정

지금까지 수학공부를 올바르게 하는 방법, 자기주도학습 방법과 그 의미 그리고 구체적인 절차에 대해 알아보았다. 이제 그러한 내용들을 종합하여, 쉽게 머리에 떠올릴 수 있도록 수학공부에 대한 하나의 청사진을 만들어 보자.

큰 줄기는 "논리적인 사고를 기반으로 한 문제해결능력을 단계적으로 키우는 쪽으로 공부의 방향을 잡고, **집중적인 훈련을 통해 체득화 함으로써 키워진 능력의 실전 적용에 대한 정확도와 속도를 향상시킨다.**"이다.

구체적으로는

- 이론 학습과정:

1. 표준 이론학습 과정에 기준하여, 각 단원의 이론에 대한 일차 자기주도학습을 수행한다.

2. 체크된 모르는 부분에 대해, 수업시간에 선생님께 질문하고 답변을 듣는 과정을 통해, 각 이론에 대한 자신의 일차 지식지도를 완성한다.

   - 이 지식지도의 완성도는 자신의 문제해결능력 단계에 따라 상이하다.

   - 이론의 내용을 이미지화해서 상상하고, 그것을 남에게 설명할 수 있다면, 이론공부를 제대로 했다는 것을 의미한다.

- 문제풀이 학습과정:

1. 표준 문제해결 과정에 기준하여, 각 난이도별 문제를 풀고 틀린 문제를 찾아낸다.

   - 공부하는 과정에서 문제를 틀렸다는 것은, 자신의 현재 실력을 높일 수 있는 기회를 잡았다는 것을 의미하므로 실망할 것이 아니라 그 원인을 찾아 실력을 높일 수 있어야 한다.

   - 현재 난이도에서 틀린 문제가 없을 경우, 문제의 난이도를 높여서 풀어야 한다.

2. 틀린 문제에 대해, 표준 클리닉 과정에 기준하여 자신의 논리적인 사고과정을 점검하고, 잘 못하고 있는 부분을 찾는다. 그리고 해당 부분을 발생시킨 자신의 사고의 과정을 살펴보고 그 원인을 찾아, 자신의 현재 사고 패턴에 변화를 준다.

   - 1차 자율 클리닉을 통해 틀린 원인을 찾지 못할 경우, 수업시간에 선생님을 통해 2차 클리닉을 받고 무엇이 문제였는지 그리고 어떻게 보완해야 하는 지 알아낸다.

   - 틀린 문제의 원인이 논리적인 사고의 과정 이전에 관련 이론에 대한 이해 부족으로 나타날 경우, 자신의 해당 이론에 대한 지식지도를 보완한다.

3. 꾸준한 자율집중 훈련을 통해 변화된 사고 과정을 체득화 한다. 체득화 수준에 따라 문제해결의 속도와 정확도는 점점 높아질 것이다.

   - 이 과정을 게을리 하여, 배운 내용을 제때에 자기 것을 만들지 못한다면, 일정 시간이 지나면 자연스럽게 잊혀 지게 되어. 그때까지 투자한 노력을 수포로 만들게 될 것이다.

위 과정의 반복을 통해 자신의 문제해결능력 레벨을 단계적으로 향상시킨다. 그리고 노력과 결실이라는 성취 경험을 통해 올바른 공부습관이 몸에 베도록 한다.

참고로 문제해결능력 단계가 높아질 수록, 이론에 대한 지식지도 작성의 효율성은 점점 좋아질 것이며 또한 미리 연습해 보아야 할 문제의 수는 점점 줄어들 것이다. 반면 문제해결능력을 높이지 못한다면, 이론들은 개별적으로 외워야 할 대상이 될 것이며, 문제의 난이도가 높아질 수록 미리 풀어서 익혀야 할 문제의 수는 기하급수적으로 늘어날 것이다.

이러한 방법이 본인 스스로 똑똑해지고 있음을 느끼면서, 최소한의 노력을 통해 실력을 향상시킬 수 있는 가장 좋은 방법이다.

여러분이 문제해결능력 2단계를 넘어선다면, 당신은 서울대에 갈 수 있는 기본 여건을 갖추었다고 할 수 있다. 그러면 노력의 결과는 당신의 것이 될 것이다.

〈사고력 발전단계〉　　　　〈공부의 형태/효율〉　　　　〈사고과정 훈련방법〉

〈A+단계〉 Level 3
- 자기주도적 이론의
  종합적 이해
- 문제풀이의 논리적인
  접근 종합단계

 = 100가지 변형
응용능력

〈1시간〉

- 4Step 사고과정
  훈련 3단계
- 집중공부 습관
  3단계 (하루3시간)

⇧

〈A단계〉 Level 2
- 자기주도적 이론의 이해
- 문제풀이의 논리적인
  접근 심화단계

 + ||||

〈2시간〉 + α (기억유지)

〈50분〉

- 4Step 사고과정
  훈련 2단계
- 집중공부 습관
  2단계 (하루2시간)

⇧

〈B단계〉 Level 1
- 이론의 부분적인 이해
  : 설명필요
- 문제풀이의 논리적인
  접근 기본단계

 + ||||||

〈5시간〉 + α (기억유지)

〈30분〉

- 4Step 사고과정
  훈련 1단계
- 집중공부 습관
  1단계 (하루1시간)

⇧

〈C단계〉
- 이론의 개념/원리 이해 시도
- 문제풀이의 논리적인
  접근시도

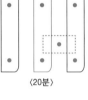 + ||||||||

〈8시간〉 + α (기억유지)

〈20분〉

- 논리적인
  사고과정의 이해
- 집중공부 습관
  형성 (하루40분)

⇧

〈D단계〉
- 이론의 암기
- 유형별 문제풀이방법 암기

 + |||||||||||||

〈10시간〉 + α (기억유지)

〈10분〉

형상화수학
중등수학 이론학습 지침서

자신의 현재 실현 능력 측정 :

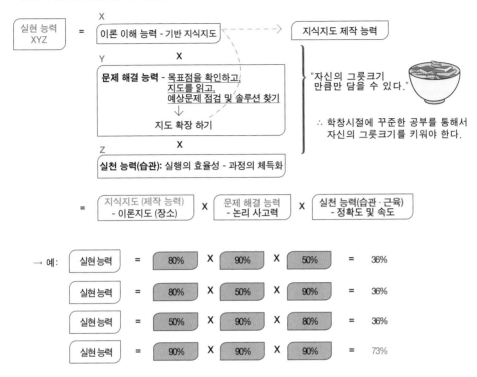

실현 능력
XYZ
= 이론 이해 능력 - 기반 지식지도 ┄┄┄> 지식지도 제작 능력

Y X
문제 해결 능력 - 목표점을 확인하고,
지도를 읽고,
예상문제 점검 및 솔루션 찾기
↓
지도 확장 하기

"자신의 그릇크기
만큼만 담을 수 있다."

∴ 학창시절에 꾸준한 공부를 통해서
자신의 그릇크기를 키워야 한다.

Z X
실천 능력(습관): 실행의 효율성 - 과정의 체득화

= 지식지도 (제작 능력)
- 이론지도 (장소)
X 문제 해결 능력
- 논리 사고력
X 실천 능력(습관·근육)
- 정확도 및 속도

→ 예:

실현 능력	=	80%	X	90%	X	50%	=	36%
실현 능력	=	80%	X	50%	X	90%	=	36%
실현 능력	=	50%	X	90%	X	80%	=	36%
실현 능력	=	90%	X	90%	X	90%	=	73%

※ 자신의 현재 부족한 부분이 어디 인지를 명확히 인식하고, 그것을 갖추려고 노력
하자.

100% 목표	이론이해능력 - 지도작성능력	문제해결능력 - 논리사고력 깊이	실천능력 - 자율집중공부시간
초등학생	Level 1 (단방향 이해)	Level 1 (한바퀴 적용)	하루 1시간
중학생	Level 2 (양방향 이해)	Level 2 (두바퀴 적용)	하루 2시간
고등학생	Level 3 (전방향 이해)	Level 3 (세바퀴 적용)	하루 3시간

CHAPTER

Appendix

01 주제
함수 그래프 그리기

이 함수 그래프 그리기는 한 단원의 주제 이상으로 특히 아주 중요하다. 왜냐하면 이것은 문제풀이를 효과적으로 하기 위한 첫 번째 과정인 내용 형상화를 위한 가장 중요한 도구이기 때문이다. 내용형상화는 단위 문장별로 1차 수식으로 옮기고, 2차 그림으로 종합하여 표현하는 것이라 할 수 있는데, 수식을 그림으로 표현하는 가장 유용한 방법이 함수 그래프 그리기이다.

$y = f(x)$ 그래프의 수학적 정의 :

주어진 관계식, $y = f(x)$를 만족하는 모든 점들을 좌표상에 나타낸 것이라 할 수 있다.

즉 $y = f(x)$의 그래프는 어렵게 생각하지 말고, 정의역에 해당하는 x변수에 몇 가지 값을 대입하여 만족하는 y값들을 가지고 순서쌍 (x, y)를 만들어 그 점들을 좌표상에 표시하면 될 것이다. 만약 그래프의 표준형을 안다면, 몇 개의 점들을 가지고도 보다 정확한 그래프의 개형을 그려낼 수 있을 것이다.

1) $y = f(x)$의 표준형 그래프의 개형을 논리적으로 알아내기

주어진 관계식의 형태를 통해 알 수 있는 조건들을 찾고, 그것들을 가지고 개괄적인 그래프의 모습을 그려 보자.

가. 짝수차 다항함수 (예: $y = x^2+bx+c$, $y = x^4+bx^3+cx^2+dx+e$, ⋯)

❶ $x \to -\infty$와 $x \to +\infty$에서의 함수합이 모두 양의 무한대 값을 가지므로 그래프 개형은 전체적으로 아래로 볼록인 형태를 띨 수 밖에 없다.

❷ (미분이전 해석) y = 0 일 때 x축과의 교점은 2차 방정식과 4차 방정식의 해를 의미하므로, 해가 존재한다면 일반적으로 각각 2개, 4개가 될 것이다.

(미분이후 해석) 1차 도함수 f'(x) = 0, 기울기 0이 되는 극점이 각각 1개, 3개가 될 것이다.

→ ❶과 ❷의 조건을 만족하는 그래프는 결국 아래의 형태를 띨 수 밖에 없게 된다.

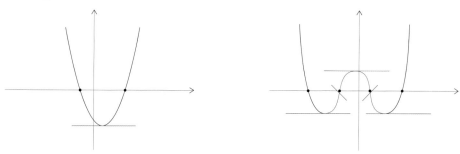

나. 홀수차 다항함수 (예: y = x³+bx²+cx+d, y = x⁵+bx⁴+cx³+dx²+ex+f, …)

❶ x → -∞에서의 함수값은 음의 무한대, x → +∞에서의 함수값은 양의 무한대 값을 가지므로, 이 그래프는 한 번은 x축을 통과해야만 한다.

이 뜻은 y = 0에서의 홀수차 다항 함수는 최소 하나의 실근을 가진다는 것을 의미한다.

❷ (미분이전 해석) y = 0 일 때 x축과의 교점은 3차 방정식과 5차 방정식의 해를 의미하므로, 해가 존재한다면 일반적으로 각각 3개, 5개가 될 것이다.

(미분이후 해석) 1차 도함수 f'(x) = 0가 되는 극점이 각각 2개, 4개가 될 것이다.

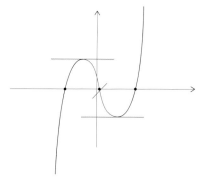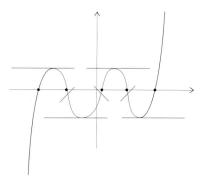

→ 변곡점의 이해 : 1차 도함수 f'(x)는 원함수 그래프의 각 점에서의 $\Delta y/\Delta x$, 즉 순간기울기를 뜻한다. 그리고 2차 도함수 f''(x)는 1차 도함수 f'(x)의 기울기, 즉 원함수 그래프의 기울기의 변화율을 뜻하므로, f''(x) = 0가 되는 점을 기점으로 기울기의 변화가 -(위로 볼록)에서 +(아래로 볼록), 또는 +(아래로 볼록)에서 -(위로 볼록)로 바뀐다는 것을 의미한다.

말하자면 f''(x) = 0가 되는 점들이 변곡점이 된다.

다. 홀수차 분수함수 (예: $1/x$, $1/x^3$, …)

❶ 분수함수 이므로 분모가 0이 되는 x=0에서의 함수값이 존재하지 않고 나머지 정의역의 값들에서는 함수값이 존재하므로, 그래프는 양쪽으로 나뉘게 된다.

❷ x → -∞에서의 함수값은 -0으로 x → 0-에서의 함수값은 음의 무한대로 향하며, x → +∞에서의 함수값은 +0으로 x → 0+에서의 함수값은 양의 무한대로 향한다.

❸ 주어진 관계식이 분수의 형태이므로 y = 0가 되는 분수방정식의 x값은 존재하지 않는다. 즉 y = 0인, x축 과의 교점이 없다는 것을 뜻한다.

→ ❶, ❷, ❸의 조건을 만족하는 그래프는 결국 아래 왼쪽 그래프의 형태를 띨 수 밖에 없게 된다.

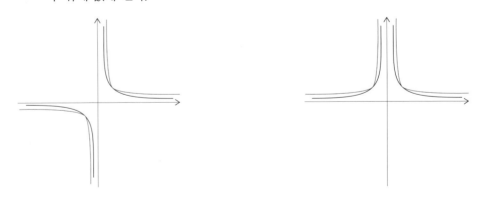

라. 짝수차 분수함수 (예: $1/x^2$, $1/x^3$, …)

❶ 분수함수 이므로 분모가 0이 되는 x = 0에서의 함수값이 존재하지 않고 나머지 정의역의 값들에서는 함수값이 존재하므로, 그래프는 양쪽으로 나뉘게 된다.

❷ x → -∞와 x → +∞ 모두 에서의 함수값은 -0으로 x → 0-과 x → 0+에서의 함수값은 양의 무한대로 향한다.

  x → +∞에서의 함수값은 +0으로 x → 0+에서의 함수값은 양의 무한대로 향한다.

❸ 주어진 관계식이 분수의 형태이므로 y = 0가 되는 분수방정식의 x값은 존대하지 않는다.

  즉 y = 0 인, x축 과의 교점이 없다는 것을 뜻한다.

  → ❶, ❷, ❸의 조건을 만족하는 그래프는 결국 위 오른쪽 그래프의 형태를 띨 수 밖에 없게 된다.

마. 지수함수, 로그함수 등 특수함수

- 지수함수 $y = a^x$ $(a > 0)$

❶ 지수의 특성상 함수값(치역)은 항상 양수임을 알 수 있다.

❷ x → -∞일 때, 함수값은 0으로, x → +∞일 때 함수값은 +∞로 향한다.

❸ 특정값 : x = 0 → y = 1

  → ❶, ❷, ❸의 조건을 만족하는 그래프는 결국 아래 왼쪽 그래프의 형태를 띨 수 밖에없게 된다.

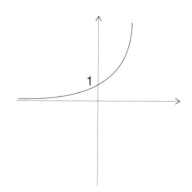

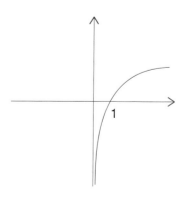

- 로그함수 y = log x

❶ 로그의 정의상 정의역은 항상 양수임을 알 수 있다.

❷ x → 0+일 때, 함수값은 -∞으로, x → +∞일 때 함수값은 +∞로 향한다.

❸ 두 번째 조건에서 이 그래프는 x축을 통과한다는 것을 뜻한다. 그리고 그것은 특정값 x = 1, y = 0를 가진다.

　→ ❶, ❷, ❸의 조건을 만족하는 그래프는 결국 위 우측 그래프의 형태를 띨 수 밖에 없게 된다.

- 무리함수 $y = \sqrt{x}$

❶ 루트의 정의상 정의역의 원소 x ≥ 0 임을 알 수 있다. 그에 따라 함수값 y ≥ 0 이다.

❷ 정의역 구간의 양 끝값을 알아보면,

　x → 0+일 때, 함수값은 0으로, x → +∞일 때 함수값은 +∞로 향한다.

　→ ❶, ❷의 조건을 만족하는 그래프는 아래 그래프의 형태를 띨 수 밖에 없게 된다.

　→ 참고로, 주어진 식 $y = \sqrt{x}$의 양변을 제곱하면, $y^2 = x$ (단, x, y ≥ 0)가 된다.

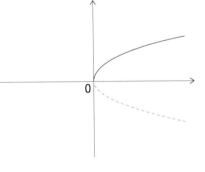

이 그래프의 형태는 $y = x^2$에서 정의역과 공역을 바꾼 모습, 즉 Y → X 로의 함수라 할 수 있다. 다만 그 중 x, y ≥ 0를 만족하는 부분이다.

　지금까지 각 종 표준형 그래프의 개형을 어떻게 논리적으로 생각하여 그려낼 수 있는 지 알아보았다. 다음은 대표적인 확장함수들에 대하여, 어떻게 그들을 논리적으로 이해할 수 있는지 그리고 어떤 형태로 표준형 그래프가 변화되는지 알아보도록 하겠다. 예제는 2차 함수로 들었지만, 적용 개념 및 방식은 임의의 함수에 적용 가능하다.

2) y = f(x)의 확장형 그래프 논리적으로 알아내기

이 내용을 보다 쉽게 접근하려면, 함수의 기본 적인 성질 및 그래프의 정의에 대한 정확한 이해가 뒷받침 되어야 한다.

$f : X \rightarrow Y$, $y = f(x)$에 사용된 각 구성요소를 살펴보면,

- x는 정의역의 임의의 원소를 의미한다.

- f(x)는 원소 x에 f(function: 기능)에 해당하는 어떤 변화를 준 함수값을 의미한다.

- y는 공역의 원소를 의미하므로,

$y = f(x)$는 각 원소 x에 대해 f(x)라는 특정 함수값에 일치하는 공역의 원소 y를 할당한다는 것을 의미한다.

그리고 이것을 만족하는 값들을 순서쌍으로 표시하면 $\{(x, y) \mid y = f(x), x \in X, y \in Y\}$가 되고, 이러한 점들을 모두 좌표상에 표시한 것이 해당 함수의 그래프가 되는 것이다.

가. 그래프의 평행이동

❶ x축 방향으로 p만큼 평행이동

이것은 $y = f(x)$를 만족하는 모든 점들, $\{(x, y) \mid y = f(x), x \in X, y \in Y\}$을 y값은 변화 없이 x값만 p 만큼 더한 것을 의미하므로 새로운 그래프를 만족하는 점들은 $\{(x + p, y) \mid y = f(x), x \in X, y \in Y\}$가 된다.

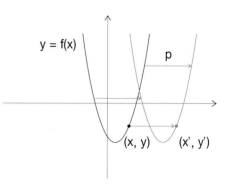

그런데 평행 이동한 새로운 그래프의 관계식은 $y' = f(x')$ 형태로 표현돼야 한다. 따라서 $x' = x + p$, $y' = y$이 된다.

$x = x'-p$, $y = y'$이므로 주어진 관계식 $y = f(x)$는 $y' = f(x'-p)$로 바뀌게 된다.

즉 새로운 그래프의 관계식은 $y = f(x-p)$가 되는 것이다.

이것을 직관적으로 이해하자면, $y = f(x)$에서는 $x = a$일 때, $y = f(a)$가 되는데, $y = f(x-p)$에서는 $x = a+p$일 때, $y = f(a)$가 되는 것이다. 즉 $(a, f(a)) \rightarrow (a + p, f(a))$. 이러한 연유로 원래의 함수식 $y = f(x)$에서 $x \rightarrow x-p$로 바꾼 $y = f(x-p)$의 그래프는 x축 방향으로 p만큼 평행이동한 형태가 되는 것이다.

❷ y축 방향으로 q만큼 평행이동

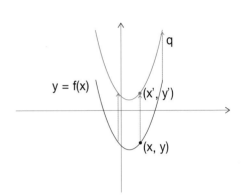

같은 방식으로 새로운 그래프를 만족하는 점들은

$\{(x, y+q) \mid y = f(x),\ x \in X,\ y \in Y\}$

가 된다. 따라서 $x' = x$, $y' = y+q$가 되고, $y = f(x)$는 $y'-q = f(x')$로 바뀌게 된다.

즉 새로운 그래프의 관계식은 $y-q = f(x)-y = f(x)+q$가 되는 것이다.

이러한 연유로 원래의 함수식 $y = f(x)$에서 $y \rightarrow y-q$로 바꾼 $y-q = f(x)$의 그래프는 y축 방향으로 q만큼 평행이동한 형태가 되는 것 이다.

나. 그래프의 대칭이동

❶ $x \rightarrow -x$ 로 바꾸면, $y = f(-x)$: y축 대칭

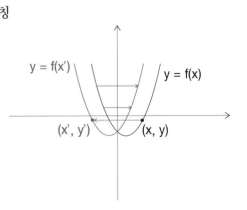

이것은 $y = f(x)$를 만족하는 모든 점들,

$\{(x, y) \mid y = f(x),\ x \in X,\ y \in Y\}$

$\rightarrow \{(-x, y) \mid y = f(x),\ x \in X,\ y \in Y\}$

$= \{(x', y') \mid y' = f(x'),\ x' \in X,\ y' \in Y\}$ 로 바뀌게 되는 것을 의미한다.

이 점들은 좌표상에 표시하면, 우측 그림과 같이 원래 그래프의 y축 대칭 형태가 됨을 알 수 있다.

여기서 $x' = -x$, $y' = y$이므로 주어진 관계식 $y = f(x) \rightarrow y' = f(-x')$로 바뀌게 된다. 이러한 연유로 원래의 함수식 $y = f(x)$에서 $x \rightarrow -x$ 로 바꾼 $y = f(-x)$의 그래프는 원 함수 그래프의 y축 대칭 형태가 되는 것이다.

❷ $y \rightarrow -y$ 로 바꾸면, $-y = f(x)$: x축 대칭

이것은 $y = f(x)$ 를 만족하는 모든

점들,

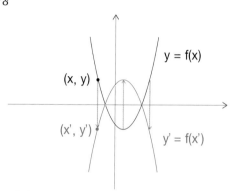

$\{(x, y) \mid y = f(x), x \in X, y \in Y\}$

$\rightarrow \{(x, -y) \mid y = f(x), x \in X, y \in Y\}$

$= \{(x', y') \mid y' = f(x'), x' \in X, y' \in$

$Y\}$ 로 바뀌게 되는 것을 의미한다.

이 점들은 좌표상에 표시하면, 우측 그림과 같이 원래 그래프의 x축 대칭 형태가 됨을 알 수 있다.

여기서 $x' = x$, $y' = -y$이므로 주어진 관계식 $y = f(x) \rightarrow -y' = f(x') \Leftrightarrow y' = -f(x')$로 바뀌게 된다. 이러한 연유로 원래의 함수식 $y = f(x)$에서 $y \rightarrow -y$ 로 바꾼 $y = -f(x)$의 그래프는 원 함수 그래프의 x축 대칭 형태가 되는 것이다.

❸ $x \rightarrow y$ & $y \rightarrow x$로 바꾸면, $x = f(y)$: $y = x$ 직선 대칭

이것은 $y = f(x)$ 를 만족하는 모든

점들,

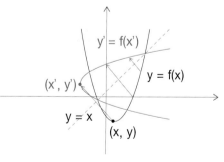

$\{(x, y) \mid y = f(x), x \in X, y \in Y\}$

$\rightarrow \{(y, x) \mid y = f(x), x \in X, y \in Y\}$

$= \{(x', y') \mid y' = f(x'), x' \in X, y' \in$

$Y\}$ 로 바뀌게 되는 것을 의미한다.

이 점들은 좌표상에 표시하면, 우측 그림과 같이 원래 그래프의 $y = x$ 직선 대칭

형태가 됨을 알 수 있다. 여기서 x' = y, y' = x이므로 주어진 관계식 y = f(x) →
x' = f(y')로 바뀌게 된다. 이러한 연유로 원래의 함수식 y = f(x)에서 x → y & y
→ x로 바꾼 x = f(y)의 그래프는 원 함수 그래프의 y = x 직선 대칭 형태가 되
는 것이다.

다. 절대값을 포함한 함수의 그래프 그리기

❶ x → |x|로 바꾸면, y = f(|x|) : x ≥ 0 부분을 기준으로 y축 대칭

정의역의 원소 값에 절대값이 씌워진 y = f(|x|)의 그래프를 그리려면, 우선 모
르는 부분인 |x| 부터 해결해야 한다. 그런데 |x|는 x의 범위를 나누면 그 값을
결정할 수 있다. 즉

Case 1 : x ≥ 0 → |x| = x ⇒ y = f(|x|) → y = f(x)

: 원 함수의 그래프를 그대로 따른다

Case 2 : x < 0 → |x| = -x ⇒ y = f(|x|) → y = f(-x)

: y축 대칭함수의 그래프를 따른다.

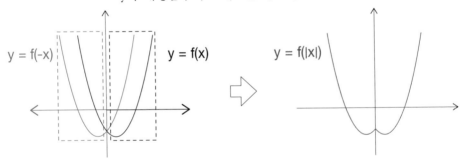

각각의 내용을 좌표에 나타낸 후, 범위에 따른 점들을 취하면, 위 그림과 같이
y = f(|x|)의 그래프가 완성된다. 이것을 직관적으로 이해하자면,
|x|로 인해 음수인 x값들도 대응하는 양수인 x값과 똑같은 y값을 취하게 된다.
따라서 자연스럽게 x ≥ 0인 부분의 점들을 기준으로 하여, y축 대칭인 점들을
추가하여 그리면, 전체 그래프가 만들어지게 된다.

❷ y → |y| 로 바꾸면, |y| = f(x) : y ≥ 0 부분을 기준으로 x축 대칭

공역의 원소 값에 절대값이 씌워진 |y| = f(x)의 그래프를 그리려면, 우선 모르는 부분인 |y|부터 해결해야 한다. 그런데 |y|는 y의 범위를 나누면 그 값을 결정할 수 있다. 즉,

Case 1 : y ≥ 0 → |y| = y ⇒ |y| = f(x) → y = f(x)

   : 원 함수의 그래프를 그대로 따른다.

Case 2 : y < 0 → |y| = -y ⇒ |y| = f(x) → -y = f(x)

   : x축 대칭함수의 그래프를 따른다

각각의 내용을 좌표에 나타낸 후, 범위에 따른 점들을 취하면 아래 그림과 같이 |y| = f(x)의 그래프가 완성된다.

이것을 직관적으로 이해하자면, |y|로 인해 음수인 y값들도 대응하는 양수인 y값과 똑같은 x값을 취하게 된다. 따라서 자연스럽게 y ≥ 0인 부분의 점들을 기준으로 하여, x축 대칭인 점들을 추가하여 그리면, 전체 그래프가 만들어지게 된다.

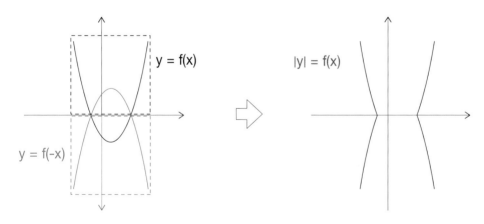

✕ 함수의 관점에서의 이해 :

|y| = f(x)라면 y = ±f(x) (단, f(x) ≥ 0)가 되므로, 각각의 정의역의 원소 x에 대하여 결정되어진 f(x)값에 양수와 음수를 취한 두 가지 값을 해당하는 공역의 원소 y에 할당한다는 것을 의미한다. 이런 경우, 함수의 정의에 따라 f : X → Y로의 함수는 성

립하지 않지만, 대신 정의역과 공역을 바꾼 f : Y → X로의 함수는 성립하게 된다.

❸ x → |x| & y → |y|로 바꾸면,

|y| = f(|x|) : x ≥ 0, y ≥ 0 부분을 기준으로 x축, y축 대칭 정의역 과 공역 모두
의 원소 값에 절대값이 씌워진 |y| = f(|x|)의 그래프를 그리는 것은 지금까지 배
운 것을 활용하면 된다.

y = f(|x|)를 원 함수로 하고 y → |y|로 바꾸거나

|y| = f(x)를 원 함수로 하고 x → |x|로 바꾸면 된다.

두 가지 모두 적용방식은 앞서 알아본 바와 동일하다.

아래 그림에 첫 번째 경우를 묘사하였다.

이것을 쉽게 그리는 방법은, y = f(x)에서 x ≥ 0, y ≥ 0인 부분의 점들을 기준으
로 하여, 먼저 x축 또는 y축 대칭인 점들을 추가 한 후, 다시 모든 점들에 대해 나
머지 축에 대칭인 점들을 추가하여 그리면, 전체 그래프가 만들어지게 된다.

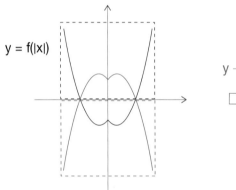

$y = f(|x|)$

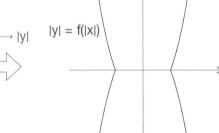

$y → |y|$ $|y| = f(|x|)$

❹ f(x) → |f(x)|로 바꾸면, y = |f(x)| : y
< 0 부분을 x축 대칭

이것은 함수의 할당 순서에서, 함수값
f(x)를 공역의 원소 y에 바로 할당하는
것이 아니라, 절대값을 씌운 후 그 값을
공역 y에 할당하는 것을 뜻한다.

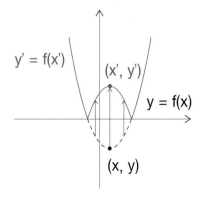

$y' = f(x')$ (x', y')

$y = f(x)$

(x, y)

원 함수 y = f(x)를 만족하는 모든 점들, {(x, y) | y = f(x), x ∈ X, y ∈ Y}에 대해 y 값에 절대값을 씌운 것과 같게 된다.

→ {(x', y') | y' = |f(x')|, x' ∈ X, y' ∈ Y}

이 점들은 좌표상에 표시하면, 위 우측 그림과 같이 원래의 함수식 y = f(x)에서 f(x) → |f(x)|로 바꾼 y = |f(x)|의 그래프는 함수값이 음수인 점들을 x축 대칭해 준 형태가 되는 것이다.

라. 주기의 변화를 줄 경우, 그래프 그리기

❶ x → ax (예: y = f(2x), y = f(x/2))로 바꾸면, 그래프의 전체적인 모양은 y = f(x) 와 같지만,

a > 1 경우, 그래프는 가파르게 변하고 a < 1 경우, 그래프는 완만하게 변한다.

y = f(x) 는 y값이 f(0)에서 f(2)로 변할 때, x값이 0에서 2로 변한다.

그에 비해,

y = f(2x)는 y값이 f(0)에서 f(2)로 변하기 위해서는, x값이 0에서 1로 변해야 한다. 즉 같은 구간의 y값의 변화에 대해, x값의 변화주기가 1/2 배로 줄어 들게 됨을 의미한다. 반대로

y = f(x/2)는 y값이 f(0)에서 f(2)로 변하기 위해서는, x값이 0에서 4로 변해야 한다. 즉 같은 구간의 y값의 변화에 대해, x값의 변화주기가 2배로 늘게 됨을 의미한다. 아래 이차함수의 그래프를 가지고, 위의 설명을 형상화하였다.

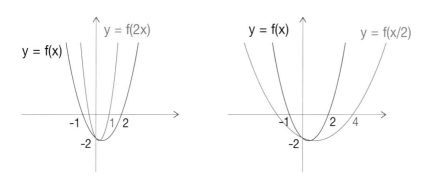

❷ y → by (예: 2y = f(x) ⇔ y = f(x)/2, y/2 = f(x) ⇔ y = 2f(x))로 바꾸면,

그래프의 전체적인 모양은 y = f(x)와 같지만,

b > 1 경우, 그래프는 완만하게 변하고 b < 1 경우, 그래프는 가파르게 변한다.

y = f(x) 는 x값이 0에서 2로 변할 때, y값이 f(0)에서 f(2)로 변한다.

그에 비해,

2y = f(x) 는 x값이 0에서 2로 변할 때, y값이 f(0)/2에서 f(2)/2로 변한다.

즉 같은 구간의 x값의 변화에 대해, y값의 크기가 1/2배로 줄어 들게 됨을 의미한다. 반대로

y/2 = f(x) 는 x값이 0에서 2로 변할 때, y값이 2f(0)에서 2f(2)로 변한다.

즉 같은 구간의 x값의 변화에 대해, y값의 크기가 2 배로 늘게 됨을 의미한다.

우측에 이차함수의 그래프를 가지고, 위의 설명을 형상화하였다.

참고로 이 개념을 원의 방정식에 적용하여, $x^2+y^2 = r^2$ 인 원의 방정식에 주기 변화를 주면, 타원의 방정식이 됨을 아직 배우지 않았더라도 자연스럽게 알 수 있게 된다.

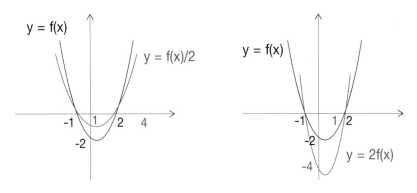

마. 변수의 역수를 취할 경우, 그래프 그리기

❶ x → 1/x로 바꾸면, x > 0인 부분의 점들은, x = 1 직선을 기준으로 양쪽 부분을 각각 x축 방향으로 축소/확대대칭 이동하고 x < 0인 부분의 점들은, x = -1

직선을 기준으로 양쪽 부분을 각각 x축 방향으로 축소/확대대칭 이동한다.

1/x는 분수이므로 -분모가 0이 되는 x = 0에서의 정의역 원소가 존재하지 않는다.

즉 그래프가 둘로 나뉜다는 것을 의미한다.

- 다음과 같이 정의역의 원소에 변화가 생긴다.

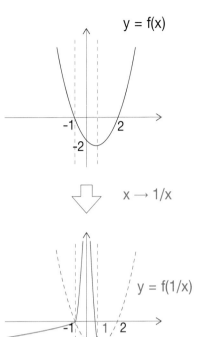

x = a (a ≠ 0) 의 정의역 원소는 1/a로 바뀐다.

x → +∞의 정의역 원소는 +0로, x → -∞의 정의역 원소는 -0로,

x → +0의 정의역 원소는 +∞로, x → -0의 정의역 원소는 -∞로 바뀐다.

그리고 x = 1의 정의역 원소는 x = 1/1 = 1로 제자리이다.

이러한 변화를 형상화하면,

x > 1인 (x, f(x)) 점들이 상응하는 $0 < x' < 1$ 인 {(x', f(x')) | x' = 1/x} 점들로 좁혀서 이동한다는 것을 의미한다. 또한

$0 < x < 1$인 (x, f(x)) 점들이 상응하는 $x' > 1$ 인 {(x', f(x')) | x' = 1/x} 점들로넓혀서 이동한다는 것을 의미한다.

이는 x = 1 직선을 기준으로 각 부분을 x축 방향으로 축소/확대대칭 이동한 형태이다. 마찬가지로 x < -1인 (x, f(x)) 점들이 상응하는 $-1 < x' < 0$인 {(x', f(x')) | x' = 1/x} 점들로 좁혀서 이동한다는 것을 의미한다. 또한

-1 < x < 0인 (x, f(x)) 점들이 상응하는 x' < -1인 {(x', f(x')) | x' = 1/x} 점들로 넓혀서 이동한다는 것을 의미한다.

이는 x = -1 직선을 기준으로 각 부분을 x축 방향으로 축소/확대대칭 이동한 형태이다.

❷ y → 1/y 로 바꾸면,

y = 0, 즉 x축과의 교점을 기준으로 그래프는 나뉘어 지고, 나뉘어진 각 부분의 점들은, y값을 기준으로 무한대는 무한소로, 무한소는 무한대가 되는 방향으로 위상을 바꾸어 이동하게 된다.

1/y는 분수이므로 - 분모가 0이 되는 y = 0에서의 값이 존재하지 않는다.

즉 y = 0가 되는 정의역 값들이 존재하지 않으므로, 그러한 점들을 기준으로 그래프는 나뉘어 지게 된다.

따라서 그러한 점들을 기준으로 각 극점에서의 f(x)값의 변화를 알아보는 것이 필요하다.

- 정의역에 변화는 없지만, 1/y로 인해 다음과 같이 대응하는 함수값에 변화가 생긴다.

y → +∞ 때의 함수값은 +0로,

y → -∞ 때의 함수값은 -0로,

y → +0 때의 함수값은 +∞로,

y → -0 때의 함수값은 -∞로 바뀐다.

아래에 이차함수의 그래프를 가지고, 위의 설명을 형상화하였다.

이 내용을 이해했다면, 이제 분모가 다항함수인 분수함수도 쉽게 그릴 수 있을 것이다.

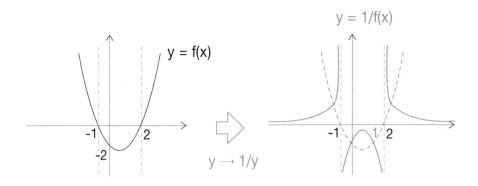

이상의 내용을 정확히 이해한다면, 대부분 함수의 그래프를 쉽게 그릴 수 있게 될 것이다. 이것은 문제해결과정의 첫 번째 스텝인 내용형상화에서 수식화된 내용을 그래프를 통해 종합적으로 가시화 할 수 있다는 것을 뜻하므로, 문제해결을 훨씬 쉽게 할 수 있게 됨을 의미한다.

또한 이러한 내용에 대한 이해를 기반으로, 향후 앞서 잠시 소개했던 1차 도함수(함수값의 변화율: 기울기), 2차 도함수(기울기의 변화: 변곡점)의 미분 개념을 활용한다면 좀 더 일반적인 방법으로 다양한 함수의 그래프 그리기를 해 나갈 수 있게 될 것이다.

만약 여러분이 이렇게 논리적으로 이해하지 않고, 모든 변화의 경우에 대해 외우려 한다면, 여러분의 머릿속은 복잡해 질 수 밖에 없고, 그런 관점에서의 수학은 점점 어려워 질 것이다.

02 주제

표준자기주도학습과정

〈표준학습과정 - 자기주도 학습훈련〉

〈학생 1〉 이론 이해능력 적용훈련

: 이론 예습과정 (표준이론학습과정 참조)

→ 자기주도 학습훈련 1

: 단계별 이론 이해능력 체득화 훈련

〈수업 1〉 이론 학습과정

: 학생의 이론 예습내용 중 어려웠던 부분을 참고하여, 수준별/단계별로 아이들에게 이론의 개념과 원리를 설명하고, 예제를 통해 기본적인 습득훈련을 한다.

〈학생 2〉 문제해결능력 체득훈련

: 문제 풀이과정 (표준문제해결과정 참조)

→ 자기주도학습훈련 2 : 단계별 문제해결능력 체득화 훈련

① 각자의 단계에 따라 지정된 문제들을 푼다.

이때, 코칭시 지적된 부분들을 상기하여, 같은 실수를 반복하지 않도록 유의하는 것이 중요하다. 이 과정은 1차적으로는 자신의 부족한 부분을 반복훈련을 통해 자기 것으로 체득화하기 위한 것이며, 2차적으로는 새로운 부족부분을 찾아내기 위함이다.

② 1차 채점을 한 후, ☆문제에 대해, 표준문제해결과정에 준하여, 지정 연습장에 다시 풀어본다. 표준문제해결과정 적용을 통해, 잘못된 부분을 발견했을 경우, 왜 그러한 잘못이 일어났었는지 찾아낸다. 그래야만, 같은 잘못이 반복되지 않는다. 정확한 인식없이 그냥 넘어간다면, 그 잘못은 또 일어날 것이다.

③ 2차 채점을 하여, 또다시 틀린 문제에 대해, ☆☆를 표시한다.

〈수업 2〉 문제 해결능력 코칭과정

: 틀린 문제의 클리닉 과정을 통해, 관련 이론에 대한 이해 및 논리적인 문제해결과정 중 학생들이 부족한 부분을 찾아내고 설명한다.

→ ☆☆문제에 대해,

왜 학생이 그 문제를 틀리게 되었는지, 표준문제해결과정에 준해 논리적인 사고의 과정을 점검하고, 그 발생원인을 찾는 과정을 통해 학생 스스로 무엇이 부족했었는지를 인식시킨다.

(단순히 답을 풀어주는 것은, 학생들이 자신의 잘못된 사고과정을 인지하기 보다는 하나의 풀이패턴을 외우게 하기 쉽다.)

〈수업 3〉 문제해결능력 체득화 기본훈련과정

: 코칭을 통해 발견된 부족한 부분을 스스로 재인식하고, 자기 것으로 만들기 위한 기본훈련을 한다.

① 설명이 완료된 ☆☆문제에 대해, 문제해결과정 중 자신이 부족했던 부분을 상기하며, 다시 스스로 풀어본다.

② 이해가 부족했던 이론 부분에 대한 복습하기

: 표준이론학습과정 참조

❶ 비유를 통한 능력향상을 위한 표준학습과정의 이해

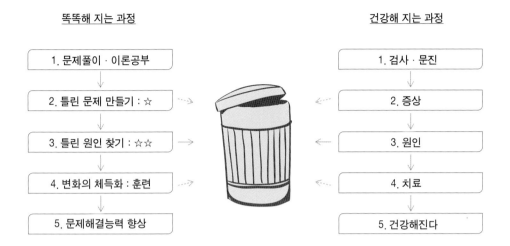

똑똑해 지는 과정

1. 문제풀이 · 이론공부

2. 틀린 문제 만들기 : ☆

3. 틀린 원인 찾기 : ☆☆

4. 변화의 체득화 : 훈련

5. 문제해결능력 향상

건강해 지는 과정

1. 검사 · 문진

2. 증상

3. 원인

4. 치료

5. 건강해진다

1. 문제풀이/이론공부 : 자기주도학습

2. 틀린 문제(☆)의 규명 : 시험 볼 때와 공부할 때 의 차이

- 아이들은 문제가 틀리면 스트레스를 받고 그것을 감추려고 한다. 그러나 이 점에 대한 인식에 변화를 주어야 한다. 시험에서 점수가 낮다는 것은, 자신의 현재 능력이 기준에 미달되는 것을 뜻하므로 창피한 일이 될 수 있다. 그래서 평소에 자신의 능력을 키우기 위해서 우리는 공부를 하는 것이다. 그런데 실력향상을 위해서는 자신의 부족한 점을 찾아내어 그것을 개선시켜야만 한다. 그러면 평소 공부할 때 어떻게 자신의 부족한 점을 찾아낼 것인가? 우리는 그것을 위해 일종의 검사를 하고, 나타난 증상을 통해 원인을 찾음으로써, 비로서 자신이 개선해야 할 부족한 점을 찾아내게 되는 것이다. 즉 평소 공부할 때, 어떤 문제를 틀렸다는 것은 능력향상을 위한 구체적인 기회를 가졌다는 것을 의미하므로 그것에 대해 스트레스를 받는 것이 아니라, 다행이라 생각해야 할 것이다.

3. ☆☆에 대해 틀린 원인 찾기

- 원인을 찾지 못하고, 증상만을 없애기 위해서 치료를 받는다면(정답을 외운다면) 같은 현상은 재발될 것이다.

- 그렇네요 vs 아하! vs 스스로 해결 의 차이 :

선생님의 설명을 듣고, 그렇네요 라고 답한다면 스스로 판단하려는 노력을 해 본 것이 아니라 단순히 단순히 선생님의 판단이 이해가 간다는 뜻이므로 그냥 답을 외운 것보다 조금 나은 수준이 된다. 그래서 약 10% 정도만 자기 것으로 만들었다고 볼 수 있다.

선생님의 설명을 듣고 '아하!' 라고 답한다면 스스로 생각해본 판단기준과 비교해서 잘못된 점을 찾았다는 것이므로 50% 정도의 추가 노력을 기울이면 자기 것으로 만들 수 있다는 것을 뜻한다. 만약 스스로 틀린 원인을 찾아 해결했다면 약 80% 정도 이해한 것으로 볼 수 있다.

4. 집중적인 노력을 통한 변화의 체득화 : 사고의 근육 만들기

5. 결과 : 문제해결능력 향상

→ 1~4까지의 전체 과정이 온전히 실행되어야 비로서 결실을 얻을 수 있다. 중간의 한 과정이 빠진다면, 제대로 된 결과를 기대할 수 없게 된다. 공부를 열심히 하려는 의지를 가진 있는 학생들에게서 조차도 3, 4번의 과정을 소홀히 대함으로써 앞의 1, 2 과정 동안의 노력을 낭비하게 되는 경우를 많이 볼 수 있었다.

→ 시험 볼 때와 달리, 공부할 때는 문제가 틀렸다고 스트레스를 받을 필요가 없다. 오히려 틀린 문제를 찾지 못한 다면 능력을 향상시킬 수 있는 기회를 발견하지 못한 것이므로 그것이 더욱 큰 문제이다. 그런데 틀린 문제를 통해 발생원인을 찾지 못한다면, 그것은 화가 나는 일이 된다. 왜냐하면 시간(비용)을 투자하고도 능력 향상을 위한 기회를 얻지 못한 것과 마찬가지기 때문이다.

올바른 자기주도학습과정의 모습

1. 이론학습의 올바른 방향을 이해하고, 효과적인 이론학습을 위한 훈련 기준이 될, 표준이론학습과정을 익히고, 그것을 자신의 것으로 체득화한다.
   논리적인 사고력 훈련을 위한 기준이 될 표준문제해결과정을 익히고, 그것을 자신의 것으로 체득화 한다.

2. **표준이론학습과정에 의거하여 각 이론을 공부하고**, 이론의 이해에 대한 자신의 1차 이미지를 마련한다.

3. 자신의 레벨에 맞는 문제들을 대상으로 **표준문제해결과정에 기반한 문제풀이를 함으로써** 단계적인 논리 사고력 훈련을 한다.

4. 틀린 문제를 대상으로 **표준클리닉과정을 수행하여**, 현재 자신의 논리적인 사고 과정과 더불어 이해가 부족한 이론 부분을 찾고, 필요한 사고변화와 이론 보완을 통해자신의 논리적인 사고과정 및 해당 이론의 이해단계를 높여 나간다.

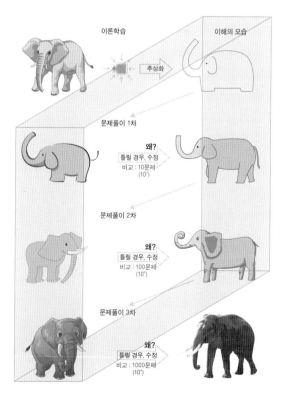

03 주제 |||||||||||||||||||||||||||||||||||||||||||||||||||||||||||||||||||||||||||
학교공부 그리고
효과적인 시험공부 방법

1. 3단계 Reminding 복습과정을 가져가라

공부는 똑바로 생각하는 방법을 연습하는 것이다. 그리고 훌륭한 사람은 똑바로 생각하고 그것을 실천하는 사람이다.

공부를 통해 우리가 얻어야 하는 것은
1) 똑바로 생각하는 방법, 즉 논리적인 사고능력 그 자체와
2) 생각한 내용을 효과적으로 전달하기 위해서 필요한 방법 및 언어라고 할 수 있다. 즉 우리는 공부를 통해 과목별로 다양한 분야의 이러한 지식을 습득하려고 하는 것이다.

우리는 지금까지 논리적인 사고능력의 효과적인 훈련을 위해서 수학을 이용한 자기주도학습방법에 대해 살펴보았다. 그리고 이것의 실질적인 향상을 이루기 위해서는 본인의 수준에 따라 하루에 40분에서 2시간 정도의 집중적인 사고의 노력이 필요하다고 하였다. 물론 이 시간은 수학만을 위한 시간을 의미하는 것은 아니고, 다른 과목의 시간 또한 포함하는 것이다. 다만 집중적인 사고훈련을 위해서는 초기에는 수학공부가 다른 무엇보다 효과적인 수단이 될 것이라는 것이다. 일정 수준이상의 단계에 올라 집중적인 사고습관이 몸에 베이면, 본인 스스로 적합한 조절점을 찾게 될 것이다.

그런데, 학생들에게 있어 학교에서 공부하는 과목은 너무 많아서 공부해야 할 내용이 너무 많은 것이 고민이다. 그리고 우리는 기억한 것을 쉽게 잊어 먹는다. 특히 대량으로 많은 것을 한꺼번에 습득하려고 할 때는 더욱 그렇다. 그래서 우리는 다음의 접근 전략을 써야 한다.

한번 공부한 것은 되도록 이면 오래 기억할 수 있도록 하자.

기억유지를 위해 다시 공부해야 하는 시간을 최대한 줄이자.

첫 번째 목적을 이루는 방법은 표준이론학습방법에서 알아본 것처럼, 각각의 지식을 단일 사실로 기억하는 것이 아니라 가능한 연관된 많은 사실들과 연결을 꾀하여, 하나의 지도형태로 기억하는 것이다. 그러면 통째로 까먹는 경우는 거의 없기 때문에 비록 일부분에 대한 기억을 잃더라고 연결된 루트를 통해서 점차 회복이 가능하게 될 것이다. 예를 들어 한국사를 공부할 때, 동 시대의 주변 중국사나 세계사와 연결 지어서 서로 어떻게 영향을 주면서 왜 그러한 변화가 생겨 났는지를 공부하면, 단순하게 외우는 것보다 훨씬 이해도 쉽고 기억도 오래가게 될 것이다. 물론 처음에는 쉽지 않을 것이다. 그러나 이러한 작업은 지금까지 알아본 것처럼 문제해결능력이 높아 질수록 점점 보다 쉽게 이루어 지게 될 것이다.

두 번째 목적을 이루는 방법으로는 기억을 오래하기 위해서는 잊어먹기 전에 여러 번 반복하여 회상하는 것이 필요하다는 것이다. 경험상 첫 번째 반복은 2-3배, 두 번째 반복은 4-6배, 세 번째 반복은 6배 이상으로 기억을 배가시킬 것이다. 기본적으로는 적어도 3번의 반복기회를 가져야 한다.

첫 번째 반복, 그날 배운 것은 그날 복습하는 과정을 통해 배운 내용에 대해 내 자신 스스로의 이해로 전환시킨다. 이러한 첫 번째 Reminding 과정은 대개 적어도 약 1주일 간의 기억력을 유지시켜 준다. 이러한 과정이 없다면 대개 2-3일 내에 배운 내용을 잊어 먹게 된다. 물론 수업시간에 집중하여 일정 수준의 지식지도를 만들어 낼 수 있다면, 1주일이상의 기억유지를 하게 될 것이다.

두 번째 반복, 주말을 이용하여 약 1주일 간 배운 내용을 점검하는 형식으로 두 번째 복습과정을 갖는다. 당일 당일의 복습이 되어진 경우, 이미 자신 스스로의 이해로 전환된 상태이므로 재 복습과정은 무척 빠르게 진행되기 때문에 생각만큼 많은 시간을 소요하지 않는다. 또한 당일 복습 이후의 시간 동안 새로운 학습 내용이 나의 지식지도로의 매핑 및 정제 활동이 매일 매일의 생각 속에서 자연스럽게 이루어졌을 것이므로 재 복습과정은 전체적인 조율 및 정제의 측면에서 중요한 의미를 가진다. 이러한 두 번째 Reminding 과정은 대개 적어도 약 1달 간의 기억력을 유지시켜 준다. 마찬가지로 이러한 과정이 없다면 대개 1-2주 안에 이해한 내용을 잊어 먹게 된다.

지금까지의 과정은 대개 1-2주 동안의 짧은 시간에 이루어 지므로, 계획 및 실행에 옮기기가 쉽다. 그러나 한 달 이상이 넘어가는 경우, 특별한 이벤트가 없이 그것을 일정한 계획의 틀 안에서 실행에 옮기는 것은 일관성 측면에서 볼 때 상대적으로 무척 어렵다. 그런데 우리는 중간고사나 기말고사란 시험이벤트를 가지고 있다. 이 시점을 이용하면 우리는 적절한 3번째 반복기회를 자연스럽게 가질 수 있다.

세 번째 반복, 두 번째 반복 이후, 자신의 기억력에 따라 다를 수 있지만, 약 1-2달 안에 그 동안의 배운 내용을 점검한다. 1차 및 2차 반복이 수행되어진 경우 그 이후의 시간 동안 매일 매일의 생각 속에서 이미 자연스럽게 많은 정제가 이루어져 있음을 기대할 수 있다. 따라서 이 세 번째 반복과정은 같은 내용을 더욱 더 짧은 시간 안에 살펴볼 수 있을 것이다. 그리고 이 시점이 시험이벤트와 연결되었을 경우, 자연스럽게 시험준비가 될 수 있을 것이다. 이렇게 세 번째 Reminding 과정을 거치게 되면, 우리는 적어도 6개월, 대개 1년 이상의 기억력을 유지할 수 있을 것이다.

이러한 측면에서 시험은 나에게 자연스럽게 세 번째 반복기회를 제공해 줄뿐 아니라, 학교에서 공부하라고 별도의 시간도 배려해 주는 좋은 제도라고 긍정적으로 볼 수 있다. 그리고 세 번째 반복의 수행 이후에는 시험자체 또한 그 동안 공부했던 내용을 확인 및 점검한다고 생각하고 즐겁게 임할 수 있을 것이다.

그러나 첫 번째 및 두 번째의 반복기회를 가지지 않고, 바로 시험준비를 하는 경우, 이미 배운 내용 중 많은 부분을 잊어 버렸을 것이기 때문에 시간이 많이 걸릴 뿐만 아니라 이해의 품질 면에서도 자신 스스로의 이해로 전환시키기 보다는 그냥 암기하는 쪽으로 기울기 쉽다. 그리고 이 때가 다시 첫 번째 반복단계가 되므로 내 것으로 삼을 수 있게 되려면 그 많은 분량에 대해 두 번째, 세 번째 반복단계를 가져가야 할 것이다. 그러나 이것의 실현을 위해서는 처음에 비해 상대적으로 엄청난 노력을 기울여야만 할 것이다. 물론 이미 늦은 때란 없다, 사실을 인지한 시기가 자신에게는 가장 빠른 때이기 때문이다. 다만 그 동안의 안 했던 것에 상응하는 노력이란 대가를 필요로 한다.

그 이상의 반복기회는 방학 및 진학시험, 모의고사 등을 이용하여 자연스럽게 기회를 접할 수 있을 것이다.

과연 공부를 잘한다는 것은 무엇일까?

서두에 말한 바와 같이 그것은 결국 똑바로 생각하는 힘이 강하다는 것을 의미한다. 즉 이것을 공부라는 꾸준한 훈련을 통해 얻으려고 하는 것이다. 생각하는 힘이라 할 수 있는 논리적인 사고력, 즉 문제해결능력에는 여러 단계가 있다. 대부분의 사람들은 첫 번째 떠오르는 생각은 비교적 쉽게 구성해 낼 수 있다. 그러나 첫 번째 떠오른 1차적인 사고를 바탕으로 2차적인 사고를 전개해 나가는 것은 그리 쉽지 않게 느낀다. 말하자면 1차적인 사고의 틀이 견고한 사람은 2차적인 사고를 체계적으로 전개해 나가는 것이 어렵지 않은 반면, 대부분의 사람들은 그렇지 못한 것이 사실이다. 더욱이 불완전한 2차적인 사고의 틀로부터 3차적인 사고를 올바르게 전개해 나간다는 것은 거의 불가능한 것이 되고 만다. 그래서 처음에는 생각의 방향을 올바르게 잡았음에도 불구하고 상응하는 사고 전개를 올바르게 할 수 없어 방향을 틀어 차선책을 찾는 일이 빈번하다. 반면 공부를 잘하는 사람들의 특징은 이러한 사고 전개의 힘이 상대적으로 무척 강하여 본인이 설정한 방향을 꾸준히 유지해 나갈 수 있는 힘이 있다고 할 수 있다.

그런데 단순히 내용을 외우거나 정해진 문제의 패턴들을 익혀 쉽게 문제를 푸는 연습을 통해서는 사고 전개의 힘을 강하게 만들 수는 없다. 피상적으로 나타나는 노력의 결과만을 본다면 비슷해 보이지만, 거기에는 중요한 논리적으로 사고하는 과정이 빠진 것이다. 자유로운 사고의 전개를 통해 스스로 패턴을 찾아낼 수 있는 사람들만이 1차적인 사고의 틀을 견고히 할 수 있다. 이 말은 각 단계에 도달하는 과정에 대한 체득을 의미한다. 직관적인 이해를 하기 위해 내 개인적인 생각을 말하자면, 그냥 공부를 잘하는 사람은 1차적인 사고의 전개과정에 충분히 체득된 단계에 있다고 할 수 있고, 소위 Top Class에 있는 사람들 또는 천재는 2차적, 3차적 사고 전개과정이 자유로운 사람들이라 할 수 있을 것이다. 이것은 다른 시각에서의 본 문제해결 능력 단계 향상의 모습이라 할 수 있다.

2. 스스로 질문하고 답하라

공부는 학교, 학원 그리고 집/도서관에서 하는 것이다. 공부를 하는 주된 장소를 들자면 틀리지 않은 말이지만, 공부가 똑바로 생각하는 연습을 하는 것이라면 굳이 장소에 제한을 둘 필요는 없을 것이다. 오히려 고정된 환경이 아닌, 변화하는 환경에서의 연습이 좀더 실전적일 것이다.

사실 우리는 끊임없이 생각을 한다. 위에 언급한 장소 이외에도 이동 중 또는 잠시 쉬면서 그리고 식사를 하면서도 생각을 한다. 이 시간들을 이용한 쉽고 효과적인 훈련방법은 없을까? 많은 수험생들이 한 번쯤은 고민해 보았을 것이다.

지금부터 특정한 교재 없이 짬짬이 여유로운 시간 중에 생각하는 방법에 대한 효과적인 훈련방법 한가지를 소개하겠다. 그것은 단순하게도 스스로의 지식의 내용과 생각의 과정을 점검하는 자문자답이다. 실력을 향상시키는 가장 빠른 방법은 자신의 부족한 점을 똑바로 보고, 그 원인을 찾아내어, 변화를 실천에 옮기는 것이라 하였다. 이러한 맥락에서 문제를 푸는 과정이 자신의 부족한 점에 대한 증상을 찾아내는 과정이라고 하였다.

그런데 자신의 부족한 부분을 가장 잘 알 수 있는 사람이 과연 누구일까? 아마도 선입견을 배제할 수 있다면, 바로 자기 자신일 것이다. 스스로 의문을 품고, 그것에 대한 답을 찾으려는 생각의 과정, 즉 자문자답의 과정이 훌륭한 사고력 훈련방법인 것이다.

예를 들어, 학교 수업을 한 후에 의문이 드는 한가지 주제를 정하고, 그 내용을 이동할 때와 같이 다소 여유로운 시간에 자신에게 무언가 설명해보는 시도를 머리 속으로 하는 것이다. 처음에는 배경이 되는 내용도 잘 생각이 나지 않고, 생각의 과정도 잘 연결이 되지 않아 무척 어렵게 느껴지지만, 익숙해 짐에 따라 점차 좋아짐을 느끼게 될 것이다. 그리고 이것이 습관화된다면, 별도의 시간을 빼지 않고도 할 수 있는 아주 훌륭한 실전적인 공부방법 하나를 얻게 되는 것이다.

저자는 이 방법의 꾸준한 적용을 통해서 별도의 시간을 내지 않고도 흐트러진 지식들의 정리 및 잘 풀리지 않던 문제에 대한 실마리 찾기 등의 직접적인 도움 이외에도 장소에 크게 구애 받지 않고 쉽게 집중할 수 있는 능력을 갖게 되었다고 생각한다. 간혹 왜 그렇게 딴 생각을 하냐고 핀잔을 받을 때도 있지만··

04 주제
자신의 인생을 스스로 선택할 수 있는 사람이 되자

많은 학생들이 말한다.

우리 집은 부자니까, 나는 공부 못해도 돼…

나는 운동할 꺼니까/미술할 꺼니까/음악할 꺼니까 공부 못해도 돼…

이러한 말들은 공부를 단지 좋은 대학, 좋은 직장에 들어가기 위한 수단 정도로만 생각하고 있기 때문에 나오는 것이다. **불행히도 우리 사회는 공부를 왜 해야 하는지에 대해 아이들에게 말해주지 않고 있다.** 오히려 사회에 팽배되어 있는 부모들의 인식 및 행동은 아이들의 이러한 생각을 정당화해 주고 있다. 이것이 현재 우리 사회가 가지고 있는 교육에 대한 가치관의 현 주소라 하겠다.

어떤 일을 하던지, 우리는 항상 선택의 순간을 맞이하게 된다. 그리고 그 순간의 선택은 경중에 따라 얼마 동안, 각자의 삶의 방향을 결정하게 된다. 그리고 위치에 따라 주변 사람들의 삶에도 영향을 끼치게 된다. 따라서 임의의 상황에서 올바른 선택을 할 수 있는 능력을 갖춘 사람은 자연스럽게 방향을 결정짓는 리더의 위치에 설 것이고, 그렇지 못한 사람은 정해진 일을 수행해야만 하는 팔로우어가 될 수 밖에 없을 것이다. 이러한 상황은 자신의 인생에 대해서도 마찬가지로 적용된다. 성인이 되어 주어진 상황에서 스스로 올바른 선택을 할 수 없다면, 주변 사람들이 선택하는 방향대로 눈치를 보며 쫓아갈 수 밖에 없는 것이다.

운동을 하든/미술을 하든/음악을 하든 그 외 어떤 일을 하던지, 그 곳에는 잘하는 사람이 있고 못하는 사람이 있게 된다. 그리고 그 안에서 잘하는 사람은 스스로 방향을 선택하며 시키는 사람이 되고, 못하는 사람은 스스로 방향을 결정하지 못하고 다른 사람이 정해준 역할을 해야만 하는 것이다.

우리 모두는 자신의 인생을 스스로 선택하길 원한다.

그렇지만 선택에는 항상 상응하는 책임과 결과가 따르게 된다. 그리고 성인이 되면 그것을 스스로 짊어져야만 한다. 그래서 책임을 가지고 무언가를 선택한다는 것이 결코 쉬운 일이 아니다. 다행히도 대부분의 우리들에게는 그것을 준비할 수 있는 학창시절이 주어지는 것이다. 그런데 성인이 되어서야 비로서 선택과 책임 그리고 필요한 능력에 대해 깨닫게 된다면, 어쩔 수 없이 남이 한 선택을 쫓아갈 수 밖에 자신의 삶을 바라보게 될 것이다.

성인이 되어, 자신의 인생을 스스로 선택하며 살아가기 위해서는 학생시절에 우리는 올바른 선택을 할 수 있는 능력을 갖추어야만 하는 것이다. 그것이 우리가 공부를 해야만 하는 이유이다.

"공부는 똑바로 생각하는 방법을 연습하는 것이다. 그리고 훌륭한 사람은 똑바로 생각하고, 그것을 실천하는 사람이다."

이것을 분명히 인지한다면, 우리 학생들은 왜 공부해야 하는지, 그리고 어떻게 공부해야 하는지 자연스럽게 알게 될 것이다. 공부는 단지 시험을 잘 보아, 좋은 대학에 들어가기 위함이 아닌 것이다. 그것은 목적이 아니라, 누군가의 하나의 이정표일 뿐이다. 다른 이정표를 가진 사람도 많음을 잊지 말아야 한다.

우리 사회가 진정 원하는 사람은 주어진 상황에서 올바른 선택을 하고, 그것을 실천해 나갈 수 있는 사람이다. 좋은 대학을 나온 사람을 선호하는 이유중의 하나는 꾸준한 노력을 통해 그러한 능력을 갖춘 사람들이 상대적으로 많기 때문인 것이다. 그렇지만 소위 좋은 대학을 나오지 않았더라도, 그러한 능력을 갖춘 사람들은 많이 있음을 우리는 잊지 말아야 한다. 진정한 능력이란 결과의 명패가 아닌 노력의 과정을 통해서만 쌓이는 것임을 잊지 말아야 할 것이다.

05 주제 방향과 동기: 인생의 의미와 인생의 행복 만들기

인생의 의미는 나의 선택에 의해서 주어지고,

인생의 행복은 나의 노력에 의해 만들어진 가치에 따라 결정된다!

청춘에게

인생에서 절대 실패하지 않는

한 가지 방법은 절대 도전하지 않는 것이다.

상처받길 두려워 하기보다는

도전하지 못했음을 안타까워 해라.

젊음이 좋은 건 도전할 기회가 있기 때문이다.

- 희망/발전을 위한 삶의 태도

내가 올바른 선택을 할 수 있는

능력을 갖춘다면, 나의 인생의 깊

이와 폭이 커질 것이다.

그렇지 못하다면, 나의 인생은

단조로울 것이다.

사고 능력

어떤 위치에서 시작하던지,

내가 느끼는 행복은

노력을 통해 이루어 낸 가치만큼

나오게 된다.

실천 능력

왜 그러한 태도를 가져야 하는가? 그리고 삶에 있어 무엇을
갖추는 것이 필요한가?

별첨

표준문제해결과정 4Step (VTLM)

  - 효과적인 문제해결을 위한 논리적 사고의 흐름

1. 내용형상화(V) : 내용의 명확한 이해 및 주어진 조건의 규명

  1-1. 단위문장(구·문)별로 각각의 내용을 식으로 표현한다.

   - 직접적으로 기술된 조건들의 규명

  1-2. 식으로 표현된 조건들을 그림으로 표현하여 종합한다.

   - 전체적인 이해 및 문맥상의 숨겨진 조건들의 규명

2. 목표구체화(T) : 구체적 방향을 설정하고 필요한 것 확인

  2-1. 목표의 형상화 : 형상화된 조건들과 함께 목표를 연관하여 표현

  2-2. 필요한 것 찾기 : 목표와 주어진 내용과의 차이 분석

   - 형상화된 내용을 기반으로,

    목표를 달성하기 위해서 추가적으로 필요한 것을 찾는다.

3. 이론 적용(L) : 필요한 것을 얻기 위한 최적의 접근방법 찾기

   3-1 : 필요한 것과 연관된 조건을 실마리로 하여 적용 이론 찾기

   3-2 : 적용 이론들을 통합하여 전체 솔루션 설계

4. 계획 및 실행(M) : 효율적인 실행순서의 결정 및 실천

  해야 될 일들에 대한 우선순위를 정하고, 정리된 계획을 실행에 옮긴다.

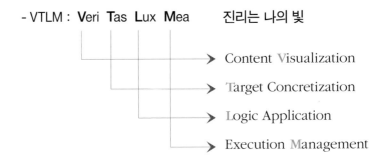

- VTLM : Veri Tas Lux Mea   진리는 나의 빛

  Content Visualization

  Target Concretization

  Logic Application

  Execution Management

표준문제해결과정의 형상화

- 표준문제해결과정은 문제를 가장 쉽게 푸는 방법이다.

1. 내용형상화(V)

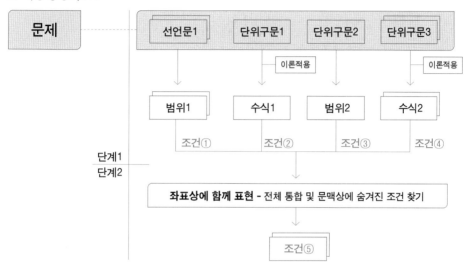

2. 목표구체화(T)

3. 이론적용(L)

밝혀진 조건들(①②③④⑤……)을 실마리로 하여, 구체화된 목표를 구하기 위한 적용이론들(/접근방법)을 찾는다.

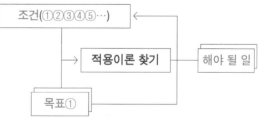

4. 계획 및 실행(M)

효율적인 작업을 위한 일의 우선순위 설정 및 실행

표준문제해결과정 적용노트

- (VTLM) : 문제해결을 위한 논리적인 사고과정

1. 내용형상화(Content Visualization)

 - 단위구문 별로 수식화 (조건의 구체화 : 조건 ①②③…) (L1)

 - 수식들을(좌표상에) 통합 형상화

 → 문맥상에 숨어있는 조건을 찾는다. (조건 ④⑤…) (L2)

2. 목표구체화(Target Concretization)

 - 목표형상화 (변화하는 목표에 대한 인식) (L2)

 - 목표를 구하기 위해 필요한 것 찾기

 → 세부목표를 통해 고민의 범위 줄이기 (L1)

3. 이론 적용(Logic Application)

 - 밝혀진 모든 조건들(조건 ①②③④⑤…)을 이용하여, 구체화된 목표에 대한 접근방법을 모색한다.

 ※ 주어진 조건들을 모두 이용해야 문제를 쉽게 풀 수 있다.

 - 만약 잘 안 풀린다면, 우선 이용하지 않은 조건을 찾는다. (L1)

 - 모든 조건을 이용하였다면, 숨겨진 조건들을 찾아본다. (L2)

4. 계획 및 실행(Execution Management)

 - 효율적인 실천(계산)을 위한 실행의 우선순위 결정

"뭘(What) → 왜(Why)?"

"사고과정을 연습하는 것이 공부다."

 - 문제풀이 과정을 구체적으로 연습장에다 적는다.

 - 틀린 문제에 대해서는

 첫째, 어느 과정에서 틀렸는지 파악하고,

 둘째, 처음 문제를 풀 때, 왜 그렇게 틀린 사고를 했었는지 이유를 적는 것이 무엇보다 중요하다.

수학공부 할 때는?

※ 1. 해결방법을 하늘에서 찾지 말고, 내가 서있는 땅에서부터 시작하라.

→ 문제/이론상에 주어진 조건을 실마리로 하여, 논리적인 접근방법을 찾아라.

✓ 똑똑해지는 방법을 훈련하는 것이다 (수학공부의 목적)

✓ 반대로, 단순히 문제풀이 방법을 익힌다면, 수학공부는 지겹고 힘들기만 할 것이다.

※ 2. 인내의 과정을 통해 근육을 기르고, 그것을 통해 정확도와 속도를 향상시켜라. 그것이 실제 능력이다.

✓ 땀을 내야만(/집중해서 공부를 해야만), (사고의)근육은 만들어 진다. 그리고 근육이 만들어져야지, 정확도와 속도가 향상되어진다.

※ 3. 공부의 효율에 대한 고민은 노력의 방향에 관한 것 이어야지, 노력의 정도에 관한 것이 되어서는 안된다.

✓ 공부를 덜할 목적으로, 효율을 생각지 마라!
실력이 쌓여야만, 시간적 효율이 상응하여 자연스럽게 향상되어 진다.

✓ 방향이 세워지면, 꾸준히 노력하라. 그리고 습관을 형성하라.
노력한 만큼 어딘가에 근육(/감각/실력)은 반드시 쌓인다.

✓ 노력의 방향을 잘 잡아야지, 필요한 근육이 만들어 진다.

초판 1쇄 인쇄일 2014년 07월 16일
초판 1쇄 발행일 2014년 07월 21일

지은이 손중모
펴낸이 김양수

펴낸곳 도서출판 맑은샘
출판등록 제2012-000035
주소 경기도 고양시 일산서구 중앙로 1456(주엽동) 서현프라자 604호
대표전화 031.906.5006   **팩스** 031.906.5079
이메일 okbook1234@naver.com
홈페이지 www.booksam.co.kr

ISBN 978-89-98374-70-9 (54410)
ISBN 978-89-98374-10-5 (세트)